U0191714

乌杰
系统科学文集

第四卷

系统范式与现代运用

乌杰 著

人民出版社

序　言

这本册子，是近年来发表在报刊上的一些文章。现汇集成册，奉献给读者。

（一）《学习和推广马列主义系统思想》一文是在2001年给时任总理朱镕基同志的一封信。我十分感谢总理，他作了批示：“岚清同志批示。”时任副总理的李岚清同志在5月31日批示：“这篇文章我已读过。思维方式和思维哲学问题，的确有许多问题值得我们研究。但全面考虑和解决问题，并不排斥我们一个时期，应根据当时的主要矛盾，突出工作重点；当然，解决问题时要举一反三，顾及前后左右，标本兼治等等。这些与系统思想并不矛盾。”

这样，系统辩证法取得了与矛盾辩证法一样的平等生存权利，稍后文章在《中国改革报》2001年9月5日—7日连载发表。

（二）《用马列主义系统观构建劳动价值论》一文是我在2002年给时任总理朱镕基同志的第二封信，朱镕基同志在2月10日批示：“请岚清同志阅。”李岚清同志批示：“应当把邓小平同志的‘科学是第一生产力’的论断，从理论到实践上很好地加以研究和阐述。”

李岚清同志办公室又批示："请国办，将此件印送教育部、社科院、科技部、国务院发展研究中心阅。请有关大学研究所加以研究阐述。"

《中国改革报》在2002年2月25日及3月31日分两次发表。《经济日报》在同年4月15日、22日和29日三次发完此文。以上两篇文章均在2002年第46届国际系统科学学会大会上发表。

（三）《系统科学方法论与科学发展观》一文是我在2003年给国家行政管理学院讲课的提纲。后来加以修改并被许多刊物发表。

（四）《世界经济秩序走向系统范式》，此文首先发表在1996年12月的《经济学动态》杂志，为该刊的第一篇文章。

（五）其他一些文章也在不同的报刊上发表过。

最后，我十分感激中央领导和广大读者对系统理论的鼎力支持，在此表示深深的谢意。

乌　杰

2006年3月23日

目　录

序　言 …… 001

学习和推广马列主义系统思想——兼论哲学理论创新 …… 001

一、问题的提出 …… 001

二、思维方式的变迁及系统思维方式的兴起 …… 005

三、系统思想是对马列主义、毛泽东思想的发展与回归 …… 010

四、系统思维方式的方法论地位 …… 013

五、用马列主义系统思想改进思想方法和工作方法 …… 015

六、几点建议 …… 019

用马列主义系统观构建劳动价值论 …… 021

一、劳动价值论的历史 …… 022

二、经典劳动价值论的历史局限性 …… 032

三、理顺劳动价值论——建立劳动价值系统学说 …… 035

四、结论 …… 041

系统科学方法论与科学发展观 …… 047

一、系统思维的一般 …… 047

二、系统科学的主要规律 …… 056

三、系统思维是马列主义、毛泽东思想的回归与发展…… 062

四、用马列主义系统思想改进我们的思想方法与工作方法 …… 066

五、发展观之比较 …… 075

世界经济秩序走向系统范式 …… 083

一、思维范式的转换 …… 083

二、现存的世界经济秩序 …… 085

三、建立国际经济的新秩序 …… 094

在全国马克思主义的系统思想研讨会闭幕式上的讲话…… 102

夺取75%的价值空间…… 109

整体管理论 …… 112

一、整体管理的产生、理论基础及其在公有制中的决定意义 …… 113

二、整体管理的系统结构：宏观管理、中观管理、微观管理、超级管理 …… 117

三、整体管理的基本规律：基本经济规律、协调放大发展规律、整体效益规律 …… 127

四、整体管理的动力系统：劳动力、生产力、社会发展力 …… 134

五、整体决策的概念、体制程序及其必要性 …………… 139

论邓小平理论 ……………………………………………… 143

一、邓小平理论的时代背景和理论价值 ………………… 143

二、邓小平理论的总体特征和方法论特色 ……………… 151

三、邓小平理论的历史地位和现实意义 ………………… 159

系统思维与城市管理 ………………………………………… 167

一、用系统辩证思维研究城市 …………………………… 167

二、运用系统辩证思维规划城市 ………………………… 174

三、用系统辩证思维建设城市 …………………………… 180

四、用系统辩证思维管理城市 …………………………… 185

参考文献…………………………………………………………… 191

学习和推广马列主义系统思想

——兼论哲学理论创新

一、问题的提出

马克思说："人民最精致、最珍贵和看不见的精髓都集中在哲学思想里。"① 恩格斯也指出：一个民族要想站在世界的最高峰，就一刻也离不开理论思维。

按照马克思主义的经典观点，哲学是"时代精神的精华"和"文明的活的灵魂"，不同时代的真正哲学，是每个时代最精深的思想成果、每种社会文明的精神实质的集中体现。哲学是关于世界观、认识论和方法论的学问，是一个时代思维方式（思想方式），从而是这个时代精神的集中体现。一个时代的理论创新、思维方式创新的最高境界是哲学创新。

---

① 《马克思恩格斯全集》第 1 卷，人民出版社 1956 年版，第 120 页。

回顾中国共产党领导人民在国内外艰难复杂环境下开创社会主义事业的伟大历史进程，理论思维和哲学思想一直体现了时代精神的主脉搏。中华人民共和国成立初期，面临在经济、政治、军事和外交等各个方面巩固新生的革命政权、组织人民投入新中国建设的艰巨任务，党在思想理论战线上的重点是清除唯心主义、封建主义、资本主义意识形态，宣传马克思主义的唯物主义，确立无产阶级思想主导地位的斗争。随着社会主义基本制度的确立和国际国内形势的复杂化，社会主义建设的复杂性和艰巨性进一步显露出来。许多重大的现实问题、思想问题和决策问题，在一次次的哲学讨论中，以理论的形态得到表现。围绕毛泽东同志《论十大关系》和《关于正确处理人民内部的矛盾问题》的发表，全党开展了关于两类矛盾问题、矛盾的同一性和斗争性等基础理论问题的热烈讨论，澄清了许多重大是非问题。

党的具有历史意义的十一届三中全会，奠定了我国的改革开放事业，翻开了中华民族振兴发展的新篇章。吹响这一划时代转变第一声号角的正是哲学和思维方式革命。20 多年前那场关于实践标准的大讨论，冲破了“两个凡是”的思想束缚，推动了全国范围内的思想解放，为党的工作重点转移和改革开放的全面启动，从而使国家进入一个新的飞跃发展时期，作了思想和舆论上的先导。改革开放以来，围绕“什么是社会主义，怎样建设社会主义?”这一重大理论和实践问题，以邓小平同志为核心的党的第二代领导集体，进行了一系列具有哲学意义的重大理论创新，正确指导了我国的改革开放和建设社会主义市场经济的实践。邓小平理论不仅是对当代世界经济政治发展的深刻见解，也代表了我国科学社会主义学说发展的新高度，而且也在多个方面包含了对马克思主义科学世界观方法论的新理解、新应用，与当代人类文明优秀的新成果、新风格、新语言相通，是走在时代前沿的思维方式的卓越体现。

以江泽民同志为核心的党的第三代领导集体，继承和发扬马列主义、毛泽东思想、邓小平理论，紧紧把握当代世界和中国经济社会发展的时代脉搏，进行了一系列的理论创新，提出了“三个代表”重要思想及“四个如何认识”、“以德治国”等重要观点。这些思想和观点是具有哲学和思维方式变革意义的，必将对我国社会主义现代化建设实践产生重大的、深远的积极影响。

我们现在所处的时代，是一个后工业的信息时代，是一个知识经济的时代，也是一个崇尚创新的时代。江泽民总书记多次指出，创新是一个民族进步的灵魂，是国家兴旺发达的不竭动力。而在所有的创新活动中，哲学和思维方式创新又是具有基础和核心意义的。真正的哲学，并不是停留在书斋和头脑里的学问，它是与社会生活实践、与国家人民的命运息息相关的科学。哲学思想的活跃，往往是社会兴旺发达的标志；健康活跃的哲学思想，也深刻、有力地促进社会的发达兴旺。

我之所以提出思维方式创新的问题，是因为我们沿用已久的传统思想方法和工作方法已经不再适应当代我国社会发展的需要，影响着改革、发展与稳定协调战略的实施，冲击、抵消着改革的效应。传统思想方法的典型表现就是“一分为二”、“抓主要矛盾”。这种方法本来具有非常丰富的内涵，但在运用中却往往被我们简单化，把复杂的事物划分为相互排斥、相互对立的两极，并且特别重视斗争和对立，总是希望在社会、经济等工作中寻找“主要矛盾”或“突破口”，求得“以纲带目，纲举目张”的神奇效果，以为只要抓住了主要矛盾，其他问题就迎刃而解了，而不是把诸如国民经济和体制改革等经济、社会现象看成是由多元素、多环节、多层次构成的有机联系、综合配套的系统整体。

由于传统思想方法与事物的整体性、系统性相违背、相抵触，因此，用它指导工作就难免不出纰漏。过去，我们搞“以钢为纲”、“以粮为纲”、“以阶级斗争为纲”，用的是这种方法。“文化大革命”初期，我们批判了“合二而一”，认为事物只能“分”不能“合”。这样，“两点论”变成“一点论”的理论了。改革开放以来，我们也一直试图寻找改革的“主要矛盾”、“突破口”，试图通过“单项突破”而走出旧体制、建立新体制，沿用的仍然是传统思想方法，往往使我们陷入顾此失彼、捉襟见肘、“按下葫芦浮起瓢”的被动境地。

问题的全部症结在于：不是我们不努力，而是我们用的思想和工作方法已不太起作用。我们所面对的世界，是一个整体性的处于系统联系和系统运动的世界。我们面对的经济工作、改革工作都是一个个系统工程，其中涉及的各部门、各方面、各项工作，都是有机联系、相互制约的，都是整个链条上的环节；每一方面都与其他方面相互影响，各个环节都十分重要，因此，我们抓经济、搞改革的思想方法和工作方法应当是系统方法、整体方法。其他方法应服务于和服从于系统的整体需要，有助于实现和保证系统的整体平衡，应围绕和配合系统方法而有的放矢地使用。

二、思维方式的变迁及系统思维方式的兴起

思维方式的变迁从来都是具有彻底的革命性意义的。正如怀特海所言："伟大的征服者从亚历山大到恺撒，从恺撒到拿破仑，对后世的生活都有深刻的影响。但是从泰利斯到现代一系列的思想家则能够移风易俗、改革思想原则。前者比起后者的影响来，又显得微不足道了。这些思想家个别地说来是没有力量的，但最后却是世界的主宰。"①

人类的思维方式变迁大致经历了三个阶段：第一个阶段是古代整体思维方式；第二个阶段是近代分析思维方式，这是近代以来人类文明取得长足进步的方法论根源；第三个阶段是20世纪中叶以来正在兴起的系统思维方式，这是随着科学技术革命和系统科学发展而出现的一种全新的思维方式。

（1）整体思维方式。古代人类的生产水平低下，无法了解到自然界复杂现象的原因，因此只能从总体上、从宏观上采用思辨的方法来研究事物。例如，中国古代哲学就贯穿了这种思想，认为世界上的事物先由天地生出五行——水、火、木、金、土，然后再形成万物。用阴阳、五行、八卦的观点来统一自然界的各种现象，统一人类与自然，并把人的生老病死与自然界的现象联系在一起，形

---

① 〔英〕A. N. 怀特海：《科学与近代世界》，商务印书馆1997年版，第199页。

成了“天人合一”的世界观。这些思想都是整体观点、运动变化观点、综合观点等整体思想的具体体现。古希腊哲学家德谟克利特把宇宙看成一个统一的整体，从整体上进行研究，并把宇宙看成是由原子组成的，原子的运动和相互作用构成了整个宇宙的运动变化；并发表了《宇宙大系统》的专著。无论是中国古代的思想家，还是外国古代的思想家都是从整体上研究世界，他们往往在几个领域内都有较高的造诣，是多个学科的专家，例如古希腊的亚里士多德、阿基米德，中国的老子、墨子等。这时期科学发展的特点在于，不同学科的研究紧密联系在一起，科学与哲学的研究联系在一起。整体思维方法使人类在科学技术和生产发展方面取得了辉煌的成就。在工程上，中国古代李冰父子修建的四川都江堰水利枢纽工程不仅是当时世界水利建设史上的杰出成果，也是整体思想方法的一次伟大实践。在医学方面，我国中医理论也充分体现了整体论的思想。古代中医理论《黄帝内经》强调了人体各器官联系、生理现象与心理现象联系、身体状况与自然环境联系的观点，并把人的身体结构看作是自然界的一个组成部分，认为人体的各个器官是一个有机的整体。

（2）分析思维方式。近代以来，人类科学技术和社会文明取得了长足进步，其哲学根源是所谓西方式的“分析”传统或者说分析思维方式的兴起。“分析”传统的精神实质，就是坚持实证的、科学的、实验的、解剖的观点。它认为事物都是有结构的，这种结构及其规律是可以通过“分析”和“简化”而为人类所认识的。分析思维方式，也被人们称为“还原论”思维方式，即相信整体的性质要由部分的性质来说明，高层次的事物要由低层次的事物来解释；相信存在一个基本物质层次，一切问题最终都可还原到那个层次加以说明，即一切事物都可以用物理学基本规律解释。还原论也要把握整体，基本工具是“分析—累加法”，决定性的环节是分析。由于对自然界认识的深入，学科分类越来越细，各学科的研究人员也不再能对所有学科都有所了解，只能成为其学科的专业人才。在中世纪，意大利的科学家达·芬奇既是力学家、物理学家，又是建筑学家、画家。而在这以后，像达·芬奇那样精通多个领域的专家已不可能存在。就是在同一学科领域内，也越分越细。由于知识越来越深入，内容越来越多，一个人即使一辈子都在学习，也不可能掌握很多门的学问。特别是面对愈演愈烈的“知识爆炸”局面，知识的专业化、专门化越来越加强了。结果，虽然对事物的认识深化了，但也同时将事物的整体性本质割裂开来了。这种思维方式在哲学上、方法论上的典型表现，就是机械论和形而上学。在经济发展上的表现，就是机械化、工业化、专业化生产，只重视个别机器的改进，忽视整体的效益，只重视加大生产强度，不考虑综合利用，不考虑资源配置。

分析思维方式的理论基础是笛卡尔奠定的。这种思维方式的着眼点在局部或要素，遵循的是单项因果决定论。虽然这是几百年来在特定范围内行之有效、人们最熟悉的思维方法，但是它不能如实地说明事物的整体性，不能反映事物之间的联系和相互作用，它只适应认识较为简单的事物，而不能胜任于对复杂问题的研究。在现代科学的整体化和高度综合化发展的趋势下，在人类面临许多规模巨大、关系复杂、参数众多的复杂问题面前，就显得无能为力了。

（3）系统思维方式。它是随着 20 世纪中叶以来系统理论和系统科学的兴起而正在兴起的一种全新的思维方式。系统科学是由分属不同层次的诸多学科组成的一大门类新型科学，最初的几个分支：一般系统论、信息论、控制论、运筹学和系统工程，都诞生于20世纪40年代。系统思想源远流长，但作为一门科学的系统论，人们公认是加拿大籍奥地利人、理论生物学家L.V.贝塔朗菲（L. Von. Bertalanffy）于1948年创立的。50—60年代，应用理论层次的信息论、控制论、运筹学和工程技术层次的系统工程取得了巨大成功。到70年代，人们开始梳理系统科学的体系结构。我国科学家钱学森提出“三个层次一座桥梁”（即基础理论、应用理论和工程技术“三个层次”，“桥梁”指连通基础理论与哲学的系统论）的学科体系结构框架，把基础科学层次的系统理论命名为“系统学”。在基础理论层次最先取得突破性进展的是普利高津、哈肯等欧洲学者。他们依托物理学、化学和生物学的最新成果，以若干著名的物理化学系统（如贝纳德流、激光器、BZ反应、布鲁塞尔振子等）为背景，运用系统思想和数学方法深刻阐明这些系统如何从混乱无序的热平衡态产生出有序结构，又如何从一种有序结构演化为另一种有序结构，建立起耗散结构论、协同学、超循环论等自组织理论，把基础科学层次的系统研究推进一大步，使人们相信建立系统科学的基础理论是可能的。到80年代，基础理论层次的系统研究也转向主要研究复杂性问题。欧洲学者，特别是普利高津提出“探索复杂性”这一响亮的口号，把复杂性研究视为超越传统科学的新型科学，产生了广泛的影响。普利高津和哈肯等人满怀信心地要把各自的理论和方法推广应用于生物、经济、社会等复杂现象领域，着手建立复杂性科学，形成世界复杂性研究的重要学派。

在世界范围兴起的复杂性研究热潮中，最引人注目的是 1984 年成立的美国圣塔菲研究所（SFI）。他们的雄心是面向生命、经济、组织管理、全球危机处理、军备竞赛、可持续发展等当今世界的所有重大问题，开展空前规模的跨学科研究，建立关于复杂系统的一元化理论，实质也就是系统学。

一般系统论把系统定义为：由若干要素以一定结构形式联结构成的具有某种功能的有机整体。在这个定义中包括了系统、要素、结构、功能四个概念，表明了要素与要素、要素与系统、系统与环境三方面的关系。系统论认为，整体性、关联性、等级结构性、动态平衡性、时序性等是所有系统的共同的基本特征。这些，既是系统所具有的基本思想观点，而且也是系统方法的基本原则，表现了系统论不仅是反映客观规律的科学理论，也具有科学方法论的含义，这正是系统论这门科学的特点。系统思想方法，就是把所研究和处理的对象，当作一个系统，分析系统的结构和功能，研究系统、要素、环境三者的相互关系和变动的规律性，并用优化系统观点看问题。系统科学的任务，不仅在于认识系统的特点和规律，更重要的还在于利用这些特点和规律去控制、管理、改造或创造“系统”，使它的存在与发展合乎人的目的需要。系统思想方法的出现，使人类的思维方式发生了深刻的变化。

系统思想反映了现代科学发展的趋势，反映了现代社会化大生产的特点，反映了现代社会生活的复杂性，所以系统理论和方法能够得到广泛的应用。系统思维方式不仅为现代科学的发展提供了理论和方法，而且也为解决现代社会中的政治、经济、军事、科学、文化等等方面的各种复杂问题提供了方法论的基础，系统观念正渗透到每个领域。最近，由中国科学院、新华通讯社联合组织的预测小组预测出的“新世纪将对人类产生重大影响的十大科技趋势”之三，是地球系统科学将以全球性、统一性的整体观、系统观和多时空尺度，研究地球系统的整体行为。地球系统科学的突破性发展，将使人类更好地认识所赖以生存的环境，更有效地防止和控制可能突发的灾变对人类造成的损害。这是系统思维方式具体运用的一个例证。

三、系统思想是对马列主义、毛泽东思想的发展与回归

钱学森同志指出：“毛泽东思想的核心部分就是从整体上来认识问题。”① 事实上，只要稍加研究，就会发现系统思想是符合马列主义、毛泽东思想和邓小平理论的，是马克思主义的一种新的形态。

——马克思指出：“具体之所以具体，因为它是许多规定的综合，因而是多样性的统一。”② 譬如，任何社会的再生产过程，都是由生产、交换、分配、消费四个环节有机组成的统一体，社会再生产要正常进行，这四个环节就需要协调发展。不存在哪个是主要的，哪个不重要的问题。他进一步讲道：“各个单个资本的循环是

① 钱学森：《要从整体上考虑并解决问题》，《人民日报》1990年12月31日。

② 《马克思恩格斯文集》第8卷，人民出版社2009年版，第25页。

互相交错的，是互为前提、互为条件的，而且正是在这种交错中形成社会总资本的运动。”①

——恩格斯指出：“我们所面对着的整个自然界形成一个体系，即各种物体相互联系的总体……这些物体是相互联系的，这就是说，它们是相互作用着的，并且正是这种相互作用构成了运动。”②“如果有人以一般的表达方式向他们说，一和多是不能分离的、相互渗透的两个概念，而且多包含于一之中，正如一包含于多之中一样……什么样的多样性和多都包括在这个初看起来如此简单的单位概念中。”③ 这里，恩格斯明确地提出了一分为多，合多为一的思想。针对简单的两极对立的思维方式，恩格斯指出：“所有这些先生们所缺少的东西就是辩证法。他们总是只在这里看到原因，在那里看到结果。他们从来看不到：这是一种空洞的抽象，这种形而上学的两极对立在现实世界只存在于危机中，而整个伟大的发展过程是在相互作用的形式中进行的（虽然相互作用的力量很不均衡：其中经济运动是最强有力的、最本原的、最有决定性的），这里没有什么是绝对的，一切都是相对的。”④

——列宁指出：“每种现象的一切方面（而且历史在不断地揭示出新的方面）相互依存，极其密切而不可分割地联系在一起，这种联系形成统一的、有规律的世界运动过程，——这就是辩证法这一内容更丰富的（与通常的相比）发展学说的若干特征。”⑤

---

① 《马克思恩格斯文集》第 9 卷，人民出版社 2009 年版，第 392 页。
② 恩格斯：《自然辩证法》，人民出版社 1971 年版，第 54 页。
③ 恩格斯：《自然辩证法》，人民出版社 1971 年版，第 238 页。
④ 《马克思恩格斯文集》第 10 卷，人民出版社 2009 年版，第 601 页。
⑤ 《列宁选集》第 2 卷，人民出版社 2012 年版，第 423 页。

“辩证法要求从相互关系的具体发展中来全面地估计这种关系，而不是东抽一点，西抽一点。”① “在（客观的）辩证法中，相对和绝对的差别也是相对的。”②

——毛泽东指出：必须学好“弹钢琴”，要十个指头都动作，不能有的动，有的不动。“不能只注意一部分问题而把别的丢掉。凡是有问题的地方都要点一下，这个方法我们一定要学会。”③ 还指出：“世界上的事情是复杂的，是由各方面的因素决定的。看问题要从各方面去看”。④ 毛泽东讲，抓全面经济工作，应该像一盘棋一样考虑，全国一盘棋。毛泽东在《工作方法六十一条》中提出“抓两头带中间”的方法。

——邓小平讲：“学会当乐队指挥。”

根据马克思主义经典著作的论述，我们可以而且应当得出三点结论：

第一，无条件的绝对性是不存在的。过去我们所说的“斗争是绝对的”、“运动是绝对的”、“非平衡是绝对的”等等，是不符合马列原意的。所谓“绝对”，只是在一定条件下、一定意义上讲的。

第二，把事物仅仅看成是“一分为二”的，是两个方面的对立和统一，也是不够的。事物是由“多”构成的系统整体，通俗的表示即：一分为多，合多为一。正是这种思想大大发展和丰富了

---

① 《列宁选集》第4卷，人民出版社2012年版，第416页。
② 《列宁选集》第2卷，人民出版社2012年版，第557页。
③ 《毛泽东选集》第四卷，人民出版社1991年版，第1442页。
④ 《毛泽东选集》第四卷，人民出版社1991年版，第1157页。

一分为二的观点。用矛盾的观点看问题和用系统的观点看问题，结果是很不一样的，虽然矛盾观也讲联系。

第三，我们过去只研究马列主义的“两点论”、“矛盾论”，而忽视了马列主义的整体思想。其实，马列主义有极其丰富、深邃的系统理论。

四、系统思维方式的方法论地位

自然界无处不显示其整体性、层次性、复杂性和自组织性，也说明系统思想和系统思维方式是有其客观基础的。世界上任何事物都可以看成是一个系统，系统是普遍存在的。大至渺茫的宇宙，小至微观的原子，一粒种子、一群蜜蜂、一台机器、一个工厂、一个学会团体……都是系统，整个世界就是系统的集合。例如，宇宙的进化是四种力量（引力、强力、弱力、电磁力）和 60 多种粒子演化的过程。而 60 多种粒子是由三类基本粒子构成的（夸克、轻子、媒介子）；DNA 是四种不同的核苷酸（A. G. C. T）在时空中的不同排列秩序及结构，而四种不同的核苷酸构成了 20 种氨基酸，20 种氨基酸又组成了所有的蛋白质，这样就决定了生物界的多样性；蘑菇有 3. 6 万性别；日本冲绳 TRIMMA 热带鱼，能根据环境的变化，在四天内改变生殖器官及相应的脑功能。

现代系统思想诞生于对诸如生物体、工程控制等复杂性事物的研究，最先是自然科学发展的一个成果，但它很快就在其他学科领域获得广泛传播和运用，显示了其作为一种全新思维方式的方法论地位。

在哲学领域，20 世纪 60 年代以来的结构主义思潮名噪一时，是当代哲学的两个重要走向之一，与当代另一哲学主流——分析主义分庭抗礼。系统、整体、结构、要素、功能、进化、突现已经是人们耳熟能详的一些基本范畴。

在社会学领域，自社会有机论主义者斯宾塞以来，整个 20 世纪社会学的几乎所有重要成果，都立足这样一个基本观念：社会是一个自组织的复杂系统。

在管理学领域，管理科学学派是数理学派、决策学派和系统学派的统称，是泰勒管理学派的继续和发展，是近年来在西方管理学界形成的。埃尔伍德·斯潘赛·伯法是西方管理科学学派的代表人物之一。这个学派认为，管理就是制定和运用数学模式与程序的系统，就是用数学符号和公式来表示计划、组织、控制、决策等合乎逻辑的程序，求出最优的答案，以达到企业的目标。所以，所谓管理科学就是制定用于管理决策的数学和统计模式，并把这种模式通过电子计算机应用于管理之中。这是系统思想在管理学中运用的一个典型例证。

在心理学领域，1912 年发轫于德国的“格式塔”心理学或者完形论心理学，就是用近似于系统论的观点来研究心理学的。后来，瑞士著名心理学家皮亚杰在其名著《发生认识论》中明确运用了动态的、发生的、自组织的观点，是系统思想的具体运用。

五、用马列主义系统思想改进全党的思想方法和工作方法

近年来有许多学者都在探讨如何发展马克思主义哲学的问题，体现了我国主流理论界、思想界那种变被动创新为主动创新的决心和姿态。我国现阶段的哲学思想和哲学方法落后于社会的变革和发展，这已是不争的事实。要用马列主义系统思想改进全党的思想方法和工作方法。

恩格斯有句名言："随着自然科学领域中的每一个划时代的发现，唯物主义也必然要改变自己的形式"。① 马克思主义并没有终极真理，而是在实践中不断地开辟认识真理的道路。马克思主义本身就是一个开放的系统，它需要不断地从科学技术的新成果中汲取营养，保持自己的生命力。系统思想扎根于现代科学技术，其哲学和认识论、方法论基础是符合马克思主义的。当前，坚持用系统的观点看世界，把事物看成是由多层次、多要素、多方面相互联系而构成的有机系统，把系统思想、系统思维方式看作我们看问题、办事情的基本方法，反对简单化的"两极思维"和"冷战思维"、"一点论"、"斗争哲学"，是丰富和发展马克思主义哲学的主要任务。

① 《马克思恩格斯文集》第 4 卷，人民出版社 2009 年版，第 281 页。

系统思想、系统方法不仅是科学研究的主要方法，也应当是我们抓改革、搞建设的基本思想和基本方法。尤其是在体制创新、科技创新、推动经济结构调整的重要时刻，是一个十分迫切的重要课题。物理学家李政道讲：“到了21世纪，微观和宏观会结合成一体。不能再用以前那种‘无限可分’的方法论，越来越小的研究路子，改变方略，从整体去研究。”“微观的元素与宏观的天体是分不开的，宇宙是一个不可分割的整体。”“一个个认识了基因，并不意味着解开了生命之谜。”经济学家斯蒂格利茨指出：“整个经济学界逐渐认识到，宏观经济行为必须和作为它的基础的微观经济原理联系在一起；经济学原理应该是一套，而不是两套。然而这一观念却根本没有在任何既有的教科书中深刻反映。”

但是，直到今天，我们党内的干部还不十分理解这一点。传统的理论教育使他们只知道“一分为二”、“抓主要矛盾”，习惯于“单项突破”、“专项打击”，习惯于头痛治头、脚痛医脚，习惯于抓住一点、不顾其他，缺乏系统思想和系统观念。党的十四届三中全会《决定》中提出“整体推进，综合配套”，这是一种方法论的重大突破，是运用系统思维方式全面推进改革的典范，关键是要靠各级干部在实践中具体贯彻落实。

推广系统思想和系统方法具有重要的现实意义。

第一，系统思想可以指导我们更好地认识世界和改造世界。当代世界是一个多样化、复杂化的世界，人类的活动范围大大扩展，社会的联系越来越广泛，科学发展的广度和深度超过了历史上的任何一个时代。因此，在今天认识世界和改造世界的活动中，如果没有系统、整体、多样化的思维，不仅无法适应这个世界，更难以有效地改造它。当代系统科学的发展，各种系统工程的大规模应用，世界范围内“系统热”相继兴起，以及许多人对系统思想的日益重视，都深刻地说明人们已逐渐认识到了这个问题。

第二，系统思想更能适应现时代对哲学的需要。系统思想最根本的特点是在唯物辩证法的基础上，吸收了系统理论和系统科学中的积极成果。系统思维方式对于指导我们处理当今世界一些重大问题，具有现实意义。例如，以往的时代，伴随着社会的变革，阶级矛盾比较突出，各种势力的较量十分尖锐。封建主义的统治，帝国主义的侵略，法西斯主义的猖獗，使各种矛盾都处于一种比较尖锐的状态。在这样的情况下，矛盾辩证法由于适应了世界爱好和平的人民争取独立、自主和建立民主制度的需要，成为哲学奏鸣曲中的主旋律，并取得了伟大的成功。但是，从今天的世界来看，由于社会生产力的高速发展，使许多矛盾已趋于缓和，全球性的尖锐问题得到了一定程度的缓解，各国经济方面的合作提到了重要的日程。对立的因素减弱了，多种协同因素的地位和作用突出了。另一方面，随着人类文明的发展，科学技术获得了巨大的进步，对哲学的科学性、精确性必然也提出更高的要求。这样，作为时代精神集中体现的哲学就要求有相应的转换和发展。系统思想正是由于适应了这一转换，所以受到了普遍的欢迎。

第三，系统思想可以更好地指导今天的改革、开放和社会主义现代化建设。今天我们的工作重心已发生了转移，现代化建设的问题日益突出。如果说，战争时代需要“革命的哲学”，那么建设的时代就需要“建设的哲学”，需要把多方面力量协调起来的哲学，更需要一个以“三个代表”重要思想为宗旨、具有现代先进哲学武装的执政党。从革命党到执政党的转变，哲学的转变是根本的转变，同时也是实现了马列主义系统思想的回归。邓小平同志从实际出发，提出用“一国两制”来解决历史遗留问题的新构想，就是这方面的一大创举。此外，随着改革开放的进程，今天的中国社会生活也在急速地变化。生产的社会化、交流的扩大化、联系的多样化、科学的巨量化，使系统思维方式成为一种现实的需要。

第四，系统思想是可以与中国传统文化完美地结合在一起的。东方人与西方人在思维方式上有着某些明显的不同之处，这是东西方许多学者的共识。我国著名学者季羡林先生说：“我认为东西文化的区别，最根本的体现在思维方式上。东方人的思维方式是综合的，西方人的思维方式是分析的。”确实，只要观察一下东西方人在哲学、政治、伦理、文学艺术，乃至农业、天文、地理、医学以及保健养身等等方面的不同观念，就不难发现东方人与西方人在思维方式上的差异是何等的明显。中国人的深层心理构成与特有的思维方式，使他们必然更多地关注整体、结构、关系、反馈、调节、平衡，这就驱使他们必然地采取以人为中心的“天人合一”观，以社会（群体）的和谐安稳为中心的人文态度，以系统思考为特征的系统思维方式。在对自然界的认识上，《老子》说：“人法地，地法天，天法道，道法自然。”人类要获得良好的生存与发展，就必须遵循而不是违背天、地、人所共具的普遍规律。在个体与群体的关系（包括个人与家庭、个人与社会、家庭与社会、家与家、国与国之间的关系）上，中华民族独特的思维方式，对中华民族始终凝聚不散、和谐相处，发挥了不可替代的伟大的作用。儒家学说的核心是“仁学”，而所谓“仁”，孔孟都明确表述过，就是

“爱人”，就是“己所不欲，勿施于人”，就是“己欲立而立人，己欲达而达人”，就是“老吾老以及人之老，幼吾幼以及人之幼”。孔孟把处理好个体与群体的关系的责任，把“修、齐、治、平”的责任，都放在了个人的肩头。直到孙中山的“天下为公”和毛泽东的“全心全意为人民服务”，无不贯穿着这种融个体于群体之中，以群体的和、乐为个体的生存、发展的前提的系统思维方式。中国哲学、传统文化这种系统思维方式，重视整体，认为局部的存在与价值有赖于整体，而整体在质上大于各个局部之和。

六、几点建议

首先，应当结合学习江泽民同志“三个代表”重要思想，在全党全国各级干部中普遍开展思想方法和工作方法的总结和反思，倡导、推广、普及、学习马列主义的系统思想和系统方法，在改革、经济和管理工作中确立系统思维方式，实现方法论的全面改革和更新，借以清除工作上严重存在的形而上学、形式主义和教条主义，以科学方法完成建立社会主义市场经济新体制的历史任务。

其次，组织专门的研究力量，全面研究、总结系统思想，丰富和发展马克思主义。

再次，可以考虑在高等院校中开设马列主义系统思想的专业课，广泛传播系统思想，用系统思维方式教育下一代。

改革开放 20 多年来，我们在许多领域进行了卓有成效的改革，唯独没有对思想方法和工作方法进行重大改革。现在已经到了刻不容缓地进行这项改革的时候了。对建设、改革的方法进行改革，实质上是要在方法论层次上进一步解放思想。

用马列主义系统观构建劳动价值论

目前，传统劳动价值学说的讨论正在热烈进行。

自1662年威廉·配第在他的《赋税论》提出劳动价值论以来，人类已走过340个年头。在这300多年的悠悠岁月中，世界发生了翻天覆地的巨变。任何理论的构建与规范都需经过这一历史行程的选择、取舍、校正、完善，无一例外。

21世纪的当代中国讨论、研究传统劳动价值论时髦起来，这不能不说与新中国成立50多年，改革开放20多年在实践中所遇到的“难点”与我们的理论中的“瓶颈”有关，以及在世界范围内与社会主义阵营解体有关。

用经典的理论规范去研究、去解释劳动价值论是一个复杂的问题，然而用当代的先进的思维方法——马列主义的系统思维去考察、研究，似乎是一个简单问题。它是随着“原始未开发状态”、自然经济、商品经济、市场经济、世界经济的一体化而不断发展和变化的。我们是用实践去推动理论的发展，进而创新理论去指导实践。

一、劳动价值论的历史

1. 威廉・配第的劳动价值论

16—17世纪的西欧各国，在政治上是所谓的君主专制制度，在经济上是重商主义。社会制度正从封建主义转入资本主义，以不动产为主的财富形态转向以流动资产为主的财富形态。新兴的工商业者要求一个统一的强大的国家，一个统一的规范的市场。为了这一目的，需要建立一个强势的政府。而建立强势政府必须首先解决政府的巨大开支的来源。过去是由国王任意设置课税项目、手续和标准，现在已行不通了，需要经过议会的审议通过。当时英国君主、官僚、贵族与市民阶级的斗争，也以此问题为核心。为了促进工商业的发展，为了克服英国财政税收的紊乱状况和规范财税收入，威廉・配第提出了财政税制的改革意见。他的财税改革意见反映了工商市民阶级的普遍要求。而攫取剩余劳动的主要手段是"贡赋制"。

威廉・配第是一个新贵族，一个大殖民主义者。他认识到英国资产阶级革命的特点，就是与新贵族的合作，反对旧贵族对土地的所有权，他极力为新兴的工商业者开拓政治经济学的理论。马克思称誉他为"现代政治经济学的创始者"。

威廉·配第指出："所有物品都是由两种自然单位——即劳动和土地——来评定价值。"①

他讲道："如果这样的话，我们就能够和同时用土地和劳动这两种东西一样妥当地或更加妥当地单用土地或单用劳动来表现价值。"②

他写道："土地的优劣，或土地的价值，取决于该土地所生产的产品量和为生产这些产品而投下的简单劳动相比，是多于投入的劳动量还是少于投下的劳动量。"③

这个说法表明，就是土地价值的大小、地租的多寡取决于消耗了多少简单劳动。正像他自己讲的："土地是财富之母，劳动是财富之父，"而归根到底是劳动这一要素。他讲，土地的价值取决于简单劳动的多少。很明显，他立论的始发点是为了强调劳动的重要——劳动对社会的须臾不可缺少的作用。这反映了当时新兴的工商者对劳动的需求，对劳动的崇拜，正像马克思讲的："劳动是整个人类生活的第一个基本条件"。④ 同时也反映了威廉·配第对贵族土地所有权的蔑视。他的财政改革计划，贯彻着节约劳动、节约劳动时间的根本要求。配第明确地指出：一切只取决于劳动时间，"假定让100人在10年内生产谷物，又让同样数目的人在同一时间内开采银；我认为，银的纯产量将是谷物全部纯收获量的价格，前

① 威廉·配第：《赋税论·献给英明人士·货币略论》，商务印书馆1978年版，第42页。

② 威廉·配第：《赋税论·献给英明人士·货币略论》，商务印书馆1978年版，第42页。

③ 威廉·配第：《赋税论·献给英明人士·货币略论》，商务印书馆1978年版，第88页。

④ 《马克思恩格斯文集》第3卷，人民出版社2009年版，第988页。

者的同样部分就是后者的同样部分的价格。”①

威廉·配第关于劳动时间决定商品价值的观点，得到了马克思的高度评价。

马克思讲道：“最有天才的和最有创见的经济学家”，“配第在他的《赋税论》(1662年第1版）中，对商品价值作了十分清楚的和正确的分析。”②

“他还明确而概括地谈到商品的价值是由等量劳动（equal labour）来计量的。”③

在配第的时代，无论土地、房屋，都有地租、房租和价格，甚至“如以打鸟、钓鱼为职业，则用鸟或鱼缴纳。”④ “有的地方，死人要对国家作一定的捐献，有的地方对结婚也实行此种办法。”⑤

关于土地的价格，他明确提出，地租等于扣除种子和工资后土地生产物的剩余。地租是七年地租的平均数，称之为一般地租。根据当时英国人口出生与死亡的统计，祖、父、孙三代同时生活的平均数是21年，因此他认为地价为21年的地租的总和，这基本上符合当时英国地价。马克思称他为“政治经济学之父”和“统计学创始人”。

他确定了“所有物品都是由两种自然单位——劳动和土

---

① 《马克思恩格斯全集》第33卷，人民出版社2004年版，第219页。
② 《马克思恩格斯文集》第9卷，人民出版社2009年版，第246、244页。
③ 《马克思恩格斯全集》第9卷，人民出版社2009年版，第244—245页。
④ 威廉·配第：《赋税论·献给英明人士·货币略论》，商务印书馆1978年版，第76页。
⑤ 威廉·配第：《赋税论·献给英明人士·货币略论》，商务印书馆1978年版，第81—82页。

地——来评定价值”。而“土地的价值”取决于“投入的劳动量”，“劳动量”“只取决于劳动时间”。

威廉·配第是第一个提出传统劳动价值论的人。

他的劳动价值论的不足：首先是忘记了未经开垦的土地、草原、森林等不是劳动创造的。其次，生产力系统是多要素的有机结构。缺一个要素，或只有一个要素是创造不了价值、使用价值（财富、效用）的。再次，在配第时代，土地不是无偿使用的，土地是有偿使用的。另外，资本有了相当的积累，如“利息资本”、“商业资本”、“商人资本主义”、“工场手工业资本主义”。正如马克思讲的：“资本主义时代是从16世纪才开始的。”① 第四，配第对非生产性职业也持否定态度，认为不创造价值。他的这些观点在当时也没有完全反映客观现实，但对后来的经济学理论产生了重大的影响。

2. 重农主义的劳动价值论

（1）“重农学派把关于剩余价值起源的研究从流通领域转到直接生产本身的领域，这样就为分析资本主义生产奠定了基础。”②

（2）“所以在重农学派看来，农业劳动是惟一的生产劳动，因为这是惟一创造剩余价值的劳动，而地租是他们所知道的剩余价值

---

① 马克思：《资本论》第1卷，人民出版社2018年版，第823页。

② 《马克思恩格斯全集》第33卷，人民出版社2004年版，第16页。

的唯一形式。"①

(3)"杜尔哥说：'它（即土地耕种者的劳动）是惟一生产出超过劳动报酬的东西的劳动。'"②

(4)"在重农学派看来，剩余价值只表现为地租形式，而在亚·斯密看来，地租、利润和利息都不过是剩余价值的不同形式。"③

马克思对重农学派的评估是十分客观、十分科学的，重农学派的劳动价值论是威廉·配第价值学说的一种倒退。

3. 亚当·斯密的"劳动价值论"

18 世纪后半期，英国正处在商业资本同产业资本，从手工业向大工业转变的关键时期，英国正处于工业革命的前夕。斯密的《国富论》(1776 年）适应了当时反对重商主义和贸易保护主义的需要，主张在经济上自由放任，自由经营，自由贸易，充分利用完全竞争的市场机制，反对重商主义与国家干预主义思想及政策，谓之"产业自由宣言书"。

亚当·斯密讲："劳动是衡量一切商品交换价值的真实尺度"或是"辛苦和麻烦"。④

① 《马克思恩格斯全集》第 33 卷，人民出版社 2004 年版，第 19—20 页。
② 《马克思恩格斯全集》第 33 卷，人民出版社 2004 年版，第 36 页。
③ 《马克思恩格斯全集》第 33 卷，人民出版社 2004 年版，第 62 页。
④ 亚当·斯密：《国富论》，陕西人民出版社 2001 年版，第 41 页。

“劳动显然是唯一普遍的、唯一精确的价值尺度。”①

亚当·斯密认为劳动创造价值，并且只有生产性劳动才创造价值，而“仆人的劳动不增加什么价值”。“君主及其下面的服务的文武官员，整个陆军和海军，都是非生产性劳动者”，甚至“牧师、律师、医生、各种文人；演员、滑稽剧演员、音乐家、歌剧歌唱家、歌剧舞蹈家”都不创造价值。②

马克思讲：“这里，从资本主义生产的观点给生产劳动下了定义，亚·斯密在这里触及了问题的本质，抓住了要领。他的巨大科学功绩之一（如马尔萨斯正确指出的，斯密对生产劳动和非生产劳动在批判中所做的区分，仍然是全部资产阶级经济学的基础）就在于，他下了生产劳动是直接同资本交换的劳动这样一个定义，也就是说，他根据这样一种交换来给生产劳动下定义，只有通过这种交换，劳动的生产条件和一般价值即货币或商品，才转化为资本（而劳动则转化为科学意义上的雇佣劳动）。”③

“什么是非生产性劳动，因此也绝对地确定下来了。那就是不同资本交换”。④

亚当·斯密认为，经营者，他们除了“监督与指挥”外从根本上说只不过是“驱使勤劳的人干活”，从而侵吞其中一部分“劳动”的产品的资本家或雇主。

虽然不能说斯密有了马克思的剥削利润理论，但做了很贴切的

---

① 亚当·斯密：《国富论》，陕西人民出版社 2001 年版，第 48 页。
② 亚当·斯密：《国富论》，陕西人民出版社 2001 年版，第 373 页。
③ 《马克思恩格斯全集》第 33 卷，人民出版社 2004 年版，第 141 页。
④ 《马克思恩格斯全集》第 33 卷，人民出版社 2004 年版，第 141 页。

提示。

斯密喜欢魁奈的只有农业（和采掘业）劳动是生产性劳动的说法。根据亚当·斯密的说法，生产性劳动可以再生产出雇佣他们的资本所具有的价值外加利润。非生产性劳动是出卖劳务，或是所生产的东西不产生利润。

这是马克思剩余价值理论的先驱。

亚当·斯密在“收入价值论”上，考虑了工资、利润、地租的三种要素决定价值的作用。

他认为，全部年产物的价格分解为工资、利润和地租。①

他想用“购买到的劳动”决定价值的观点，去烫平“劳动价值论”与“收入价值论”之间的、不能填平的鸿沟。这种思想比重商主义的“让渡利润”（实际价格超过实际价值的部分）和重农学派的“地租”是进了一大步，也超过了配第的价值论，更接近马克思的剩余价值的本质。

亚当·斯密认为价值论有两个阶段：一是原始阶段，只有单纯的实物交换。但劳动是例外，其他生产资源要素是免费提供的，在这期间只有劳动决定价值。在这一点上，他并没有超过威廉·配第的劳动价值论。二是现代阶段，即资本的积累和土地的私有的时期。在这一阶段，亚当·斯密的观点从“劳动价值论”走向“收入价值论”。他认为，在现代阶段是工资、利润、地租三种收入决定价值，根据劳动价值论，他否定了地租的合法性。这一点也没有超过威廉·配第。斯密认为，资本家或雇主除了“监督与指挥”

① 参见亚当·斯密：《国富论》，陕西人民出版社 2001 年版，第 66 页。

外，只不过是“驱使勤劳的工人干活”，从而侵吞其中一部分“劳动”的产品。在这里看到，他也判定了利润的剥削性质。依据“收入价值论”，他也反映了利润的合法的权利，他提出了劳动成本决定“自然价格”，效用、需求、购买力决定市场价格。从整体看，亚当·斯密的价值论是双重性的，为古典经济学及其他后继的各种理论奠定了广泛的基础。与威廉·配第的价值论一样，不是十分科学的。

4. 李嘉图的“劳动价值论”

李嘉图是英国产业革命时代，代表产业资本利润的古典经济学的完成者。这一时期阶级斗争虽然有，但并没有到十分尖锐的程度。

大卫·李嘉图作为工业革命中崛起的资产阶级的代表和理论家，维护与发展了亚当·斯密的劳动价值论。他也认为价值理论有两个阶段：一是原始阶段；二是现代阶段。但无论在哪个阶段都是“一般劳动创造了价值”，并且论证了土地封建贵族与社会的对立，资本和劳动的对立。他被马克思称为“英国古典政治经济学的完成者”、英国工业资产阶级的伟大思想家。李嘉图论证了地租的剥削性质，提供了反封建的理论武器，也引起了封建贵族的代表者马尔萨斯的反对。李嘉图 1817 年发表《政治经济学及赋税原理》，其中提出了社会必要劳动的概念，但没有提出如何计算这个劳动。

李嘉图从原始的交换条件出发，推出他的劳动价值论。在这一点上，他没有超过亚当·斯密。他否定了亚当·斯密的“收入价值论”，他说，价值的决定在前，价值分配在后。在这里很明显，他比亚当·斯密倒退了。李嘉图的价值论是他的分配论的基础，而他理论的核心又是分配论。

威廉·配第所创立的劳动价值论在重农学派的眼中，只有农业劳动才创造价值与剩余价值。亚当·斯密向前跨了一大步。李嘉图肯定了劳动时间是价值的唯一基础，指明劳动决定价值规律。

李嘉图的劳动价值论不能说明利润的来源和形成，以及利润的平均化，生产价格的形成，最终导致自己理论的破产。

5. 传统的马克思劳动价值论

马克思讲：

——“生产使用价值的社会必要劳动时间，决定该使用价值的价值量。”①

——“劳动是惟一的‘价值源泉’。”②

——“价值本身除了劳动本身，没有任何别的‘物质’。”③

马克思继承了亚当·斯密、大卫·李嘉图的分析价值的前提，也继承了威廉·配第、亚当·斯密和李嘉图的先天不足的劳动价值论。不同之处在于：李嘉图代表了英国产业革命时期工业

① 《马克思恩格斯文集》第5卷，人民出版社2009年版，第52页。
② 《马克思恩格斯全集》第33卷，人民出版社2004年版，第76页。
③ 《马克思恩格斯“资本论”书信集》，人民出版社1957年版，第132页。

资产阶级的利益和要求，而马克思则是古典经济学中的无产阶级革命派。

李嘉图用原始条件下得出的价值规律去适应资本主义商品交换关系，在实践上遇到不可克服的困难，最终导致他的理论解体。马克思虽然区分了劳动与劳动力两个概念，及劳动的二重性所产生的商品的二因素和私人劳动（具体劳动）与社会劳动（社会平均劳动）的对立，并把配第、斯密的生产性劳动和李嘉图的“一般劳动”发展为“抽象劳动”，认为抽象劳动是价值的源泉，但所有这些观点都不是问题的所在。他与李嘉图一样，其分析价值论的前提条件是极有限的。在马克思的《资本论》(1867 年）第一卷问世后，就开始了劳动价值论真伪的长达百年的“世纪之争”。从渊源上看，始作俑者不是马克思，而是配第、斯密和李嘉图，是他们的先天不足的劳动价值论所引发的。

时至今日，也不能说这个争论已经偃旗息鼓了，在社会主义中国仍是“世纪难题”。

马克思在《资本论》第三卷中关于价值向生产价格的转化的公式有一些缺陷。公式中的产出被转化为生产价格了，而投入还是没有转化的价值形式。这确实在理论上、实践上都是不妥的。由此引发了第一卷的劳动价值论与第三卷的生产价值论的互相矛盾的争论。辩论与批评之猛烈，范围与深度之空前一直影响至今。马克思仅把劳动价值一元论取代了当时风行的劳动价值三元论、多元论，即将商品价值完全归结为人类抽象劳动的凝结和社会必要劳动时间，排除了其他要素（土地、资本、管理、科技)，也没有涉及人的需要与市场的均衡。从传统劳动价值论本身的不足上，马克思没有超过他的前辈。

正如马克思自己讲的："所有经济学家都犯了一个错误：他们不是纯粹地就剩余价值本身，而是在利润和地租这些特殊形式来考察剩余价值。"①

马克思只不过把"这些特殊形式"普遍化了，形成了一个数字化的理论大厦。

二、经典劳动价值论的历史局限性

由威廉·配第提出的劳动价值论，经过亚当·斯密、大卫·李嘉图的继承与发展，劳动价值论有了极大的完善。最后由马克思进一步发挥，使它更具有理论形态。但是，劳动价值论自始至终就没有解释清楚，自然资源具有巨大价值的来源以及理论本身提出的条件性等问题。

1. 无法说明的一些资源的价值渊源

（1）天然形成的自然资源：

①原始的、未经开垦的草原、森林、土地、湿地等；

---

① 《马克思恩格斯全集》第33卷，人民出版社2004年版，第7页。

②各种未经开发的矿产（金矿、石油、煤、河流等）；

③人的生存须臾不能离开的空气、阳光、天然水……

（2）如古玩及陈酒等：

①窖储的葡萄酒或陈酒比新酒贵；

②古玩、古董、钱币。

（3）当代生产力系统中的要素贡献，如：

①专利、版权、商业秘密、无人工厂、虚拟经济等；

②这些都不是人类生产性劳动所能创造的“价值”。

2. 理论本身提出的条件有限性

建立古典劳动价值论的前提条件是社会处于“原始未开化状态”：土地没有私有，土地是无偿使用；资本没有积累，仅有易货贸易和原始的劳动交换。

但是，威廉·配第在1662年最早提出劳动价值论的时候，土地是有地租，有地价的。他还做了科学的计算：“地价为21年的地租总和”，这只能说，他为了反对封建主的土地所有制，否认地租、地价的合理、合法性，正像马克思讲的“政治经济学之父”、“现代政治经济学创始者”。其次，资本已有了相当的积累，正如马克思讲的：“资本主义时代是从十六世纪开始的。”这样，威廉·配第的观点是不符合当时实际的，也不符合科学的逻辑，是一种缺乏充分根据的政治偏见。

3. 劳动者是生产力系统中的一个要素

生产力要素是一个系统结构，可以分为：劳动者、劳动手段（劳动工具）、劳动环境、劳动对象等等。马克思讲："劳动过程的所有这三个要素：过程的主体即劳动，劳动的要素即作为劳动作用对象的劳动材料和劳动借以作用的劳动资料，共同组成一个中性结果——产品。"① 因此，生产力系统最少也有三个要素：劳动者、劳动资料、劳动对象（土地等）。要素之间的关系是互为条件的，互为存在的。缺一个要素或只有一个要素是不可能创造任何使用价值或效用或财富的。即使在"原始未开化状态"，在"刀耕火种"的时代，耕地也得用刀，不能用两手挖地，种地。因此除了劳动者、土地（两要素）外，还少不了第三个要素：劳动资料如工具，如刀。如果在当代社会，生产力系统就更复杂了。

因此，在配第的二要素论（劳动与土地）中，应该认真地说还有第三个要素（劳动工具），但他没有考虑进去。和马克思讲的"自然界"（劳动的条件、劳动环境）等都没有包括进去。1803 年法国经济学家萨伊提出土地、劳动、资本的三要素论。1890 年由于企业经营管理创造巨大财富的作用，英国经济学家马歇尔提出土地、劳动、资本、经营管理四要素的财富论，时至今日的邓小平的"科学技术是第一生产力"（生产力中的重要要素）为止，那么生产

① 《马克思恩格斯全集》第 32 卷，人民出版社 1998 年版，第 65 页。

力系统，远远不是三个要素，而且这几个要素是互为前提、互为存在、相互决定、不可分地整合在一起，少了哪一个要素，也不可能达到整体创造财富的效果。

中国加入 WTO 后，生产力要素的投入和配置是通过生产力要素市场实现的。这是我们必须做到的基本要求。

4. 社会必要劳动时间的可算性

劳动本身就是一个不定的变量，劳动有极其高级的、也有很低级的，如壮工与发明家。其价值需由生产物的价值决定，对智力劳动来说，由于其复杂性、非线性，难用劳动时间为统一尺度。对创造性劳动讲更没有平均劳动时间。自劳动价值论建立以来，还没有一个人能够算出商品的社会必要劳动时间。因此，传统理论中的“按劳分配”的提法是不科学的，而只能按生产要素分配。

三、理顺劳动价值论——建立劳动价值系统学说

1. 马列主义的系统理论及方法

——马克思指出：“具体之所以具体，因为它是许多规定的综

合，因而是多样性的统一。”① 譬如，任何社会的再生产过程，都是由生产、交换、分配、消费四个环节有机组成的统一体，社会再生产要正常进行，这四个环节就需要协调发展。不存在哪个是主要的、哪个不重要的问题。他进一步讲道：“各个单个资本的循环是互相交错的，是互为前提、互为条件的，而且正是在这种交错中形成社会总资本的运动。”②

——恩格斯指出：“我们所面对着的整个自然界形成一个体系，即各种物体相互联系的总体……这些物体是相互联系的，这就是说，它们是相互作用着的，并且正是这种相互作用构成了运动。”③ “如果有人以一般的表达方式向他们说，‘一’和‘多’是不能分离的，相互渗透的两个概念，而且‘多’包含于‘一’之中，同等程度地如同‘一’包含于‘多’之中一样……什么样的多样性和多都包括在这个初看起来如此简单的单位概念中。”④ 这里，恩格斯明确地提出了一分为多、合多为一的思想。针对简单的两极对立的思维方式，恩格斯指出：“所有这些先生们所缺少的东西就是辩证法。他们总是只在这里看到原因，在那里看到结果。他们从来看不到：这是一种空洞的抽象，这种形而上学的两极对立在现实世界只存在于危机中，而整个伟大的发展过程是在相互作用的形式中进行的（虽然相互作用的力量很不相等：其中经济运动是最强有力、最本原的、最有决定性的），这里没有什么是绝对的，

① 《马克思恩格斯文集》第 8 卷，人民出版社 2009 年版，第 25 页。
② 马克思：《资本论》第 2 卷，人民出版社 2018 年版，第 392 页。
③ 《马克思恩格斯选集》第 3 卷，人民出版社 1972 年版，第 492 页。
④ 恩格斯：《自然辩证法》，人民出版社 1971 年版，第 166—167 页。

一切都是相对的。”①

——列宁指出：“每种现象的一切方面（而且历史在不断地揭示出新的方面）相互依存，极其密切而不可分割地联系在一起，这种联系形成统一的、有规律的世界运动过程，——这就是辩证法这一内容更丰富的（与通常的相比）发展学说的若干特征。”②“辩证法要求从相互关系的具体发展中来全面地估计这种关系，而不是东抽一点，西抽一点。”③“在（客观的）辩证法中，相对和绝对的差别也是相对的。”④

根据马克思主义经典著作的论述，我们可以而且应当得出三点结论：

第一，无条件的绝对性是不存在的。过去我们所说的“斗争是绝对的”、“运动是绝对的”、“非平衡是绝对的”等等，是不符合马列原意的。所谓“绝对”，只是在一定条件下、一定意义上讲的。

第二，把事物仅仅看成是“一分为二”的，是两个方面的对立和统一，也是不够的。事物是由“多”构成的系统整体，通俗地表示即：一分为多，合多为一。正是这种思想大大发展和丰富了一分为二的观点。用矛盾的观点看问题和用系统的观点看问题，结果是不一样的，虽然矛盾观也讲联系。

第三，我们过去只研究马列主义的“两点论”、“矛盾论”，而

---

① 《马克思恩格斯文集》第 10 卷，人民出版社 2009 年版，第 601 页。
② 《列宁选集》第 2 卷，人民出版社 2012 年版，第 423 页。
③ 《列宁选集》第 4 卷，人民出版社 2012 年版，第 416 页。
④ 《列宁选集》第 4 卷，人民出版社 2012 年版，第 557 页。

忽视了马列主义的整体思想。其实，马列主义有极其丰富、深邃的系统理论。

我们应该用马列主义的系统理论方法来研究劳动价值理论。

2. 劳动价值系统学说的基本观点

马克思讲：

——“劳动不是一切财富的源泉。自然界同劳动一样也是使用价值（而物质财富就是由使用价值构成的!）的源泉，劳动本身不过是一种自然力即人的劳动力的表现。”并认为，有“劳动是一切财富和一切文化的源泉”观点的人，是一种“资产阶级的说法”。①

——“过程的所有这三个要素：过程的主体即劳动，劳动的因素即作为劳动作用对象的劳动材料和劳动借以作用的劳动资料，共同组成一个中性结果——产品。”②

——“其实，劳动和自然界在一起才是一切财富的源泉，自然界为劳动提供材料，劳动把材料变为财富。”③

——“不论生产的社会形式如何，劳动者和生产资料始终是生产的因素。但是，二者在彼此分离的情况下只在可能性上是生产

① 《马克思恩格斯文集》第3卷，人民出版社2009年版，第428页。
② 《马克思恩格斯全集》第32卷，人民出版社1998年版，第65页。
③ 《马克思恩格斯全集》第26卷，人民出版社2014年版，第759页。

要素。凡要进行生产，就必须使它们结合起来。”①

——“当分工发达的时候，几乎每个人的劳动都是整体的一部分，它本身没有任何价值或用处。因此工人不能指任何东西说：这是我的产品，我要留给我自己。”②

——“劳动过程的简单要素是：‘有目的的活动或劳动本身，劳动对象和劳动资料’。”③

——“协作的结果是，通过协作所生产出来的东西，比之同样多的人在同样的时间内分散劳动所生产出来的东西要多，或者说通过协作所生产的使用价值，在另一种情况下是根本不可能生产的。”④

对此，恩格斯说：

——“许多人协作，许多力量融合为一个总的力量，用马克思的话来说，就产生‘新力量’，这种力量和它的单个力量的总和有本质的差别。”⑤

综合以上马克思与恩格斯的几个观点表明：

①劳动是多要素结合的过程，是生产力系统要素的整合过程，是一个复杂的系统工程。不论什么劳动，如果只有一个劳动者要素，是不可能创造任何使用价值、价值或财富的。必然是所有要素的有机结合，而且是“有效”的组合优化，不是“无效的劳动”。

① 《马克思恩格斯全集》第45卷，人民出版社2003年版，第44页。
② 《马克思恩格斯全集》第31卷，人民出版社1998年版，第105页。
③ 《马克思恩格斯全集》第42卷，人民出版社2016年版，第169页。
④ 《马克思恩格斯全集》第47卷，人民出版社1979年版，第294页。
⑤ 《马克思恩格斯全集》第26卷，人民出版社2014年版，第134页。

正如马克思自己讲的，劳动和自然界一起才是一切财富的源泉，“总体工人”、“协作劳动”、“集体力”、“自然界”等所有的生产力系统要素“必须使它们结合起来”，才能产生财富或使用价值。

②劳动是一个有机系统，它是多元结构，如马克思讲的：“几乎每个人的劳动都是整体的一部分。”

有效劳动——无效劳动——破坏劳动

（正劳动） （零劳动） （负劳动）

有效劳动创造价值、使用价值及效用等等。

无效劳动不创造价值，创造零价值，如：“出工不出活”、“当和尚不撞钟”。

负劳动创造负价值，如：豆腐渣工程，走私，偷税漏税，黄、赌、毒，贪污，钱权交易，以权谋私，假冒伪劣。因为社会必须再投入资源去减“负”。

③商品价值的多元结构。

在传统劳动价值论中，把劳动简单地分为抽象劳动与具体劳动的二元结构。由此产生商品价值的二元性，并认定二元价值的分离甚至对立的属性。其实，价值与劳动一样都是系统结构，是价值系统。简单地讲，在生产——交换（分配）——消费的每一个环节，价值（或效用）都有不同的实现形式，组成了商品价值的序列系统结构。马克思讲：“因为资本与劳动能力的交换是在资本和单个劳动能力之间进行的。这种交换由后者的交换价值决定”。① 这里马克思明确提出了“交换价值”的概念。

① 《马克思恩格斯全集》第 47 卷，人民出版社 1979 年版，第 297 页。

如果认为只有抽象劳动及其时间创造价值，根本无法解释当代工业文明——已耗费的劳动时间和劳动产品之间的惊人的不成比例的事实。

如果只承认“活劳动”、生产性劳动创造价值，也根本无法解释“无人车间”、“无人工厂”、通信网、电力网创造的巨大价值。

建立马列主义劳动价值系统学说就可以解释、回答社会主义建设与改革开放过程中所遇到的理论与实践难点。

四、结　论

1. 关于古典劳动价值学说的地位、作用

传统的劳动价值论在历史上起过非常重要的革命作用，有极鲜明的阶级性。在古典经济学家手中，它成为论证资本主义生产方式的优越性和反封建贵族的理论武器。经过马克思的创造及发展，才成为资本主义生产方式必然被社会主义取代的无产阶级革命理论。恩格斯讲得好：“马克思首先是一个革命家。”革命家就得创造革命的理论，这是从最根本、最深层次意义上讲的，这也是为什么当时的经济学叫“政治”经济学，马克思的《资本论》被誉为“工人阶级的《圣经》”的原因。

马克思的劳动价值论对无产阶级解放事业的贡献是不言而喻

的，然而，它的某些历史意义却被人们所忽视了。如果没有马克思的学说，凯恩斯不大可能提出国家干预经济的思想。没有社会主义阵营，资本主义也不会修正或缓解他们的野蛮、专横、剥削、人吃人的政策和建立社会保障的最低工资、最低生活费及各种社会福利。

近几年英国评出全球千年影响最大的人，第一名就是马克思，这足以证明马克思的伟大，他的巨大影响和他的历史功绩。尤其是1935年英国学者及大学生辩论，英国是否向俄国学习，走俄国人革命的道路，这正说明了当时历史的趋势，这也是凯恩斯学说出现的社会经济背景。美国人给凯恩斯塑了像，说他拯救了资本主义，倒不如说，马克思的深刻描述，给了资本主义最有力的警示，避免了世界资本主义体系的灭亡。西方世界应该感谢的是卡尔·马克思和他的战友。

苏联的消失，美国的统治者又高兴了，给当时与戈尔巴乔夫对阵的里根塑了像，并称里根是最伟大的总统。这一次，美国人又错了，他们应该感谢的不是里根，正是戈尔巴乔夫。戈尔巴乔夫的苏联，没有能像列宁一样随时随地根据政治、经济、文化的情况，修正自己的政策，在社会主义建设中，不是用实践的创造性去修正传统的理论，而是用传统的理论去裁定活生生的社会实践。我们强调“活劳动”、“抽象劳动”创造价值，忽视了科技、教育、管理等创造性劳动的巨大作用。因此，我们必须根据马列主义的系统思想，来发展我们的劳动价值论。

教训是深刻的：①苏联没有及时地把革命的理论转变为建设的理论。②没有把阶级斗争的理论转变为客观的、系统的科学理论。

③没有把传统的劳动价值论发展成为马列主义的劳动价值系统理论。

我们不应该苛求马克思、恩格斯，他们做了他们应该做的事，他们不可能回答150年后我们当代人类的各种问题，尤其是当代中国人的改革中的难题。我们也不可能要求340年前的威廉·配第和226年前的亚当·斯密及185年前的大卫·李嘉图的每一句话都是正确的。

这是真正科学的态度。

恩格斯讲：“马克思提出这些论点时，只是把它们看作相对的，只在一定的条件下和一定的范围内才是正确的。”在1872年《共产党宣言》德文版“序言”中，马克思、恩格斯指出：“正如宣言中所说的，随时随地都要以当时的历史条件为转移。”

列宁讲：“理论是灰色的，而生命之树是常青的”，“马克思主义的活的灵魂是对具体的情况作具体的分析。”

如果把他们的话看成教条，那就是“自作多情的空话”。

2. 关于剥削与公平

传统理论认为无偿占有剩余劳动和剩余价值谓之剥削，或是利润等于剩余价值。其实，剥削与否最终取决于多次分配的结果是否公平和有效率。不过，初次分配的薪水多少，二次分配的廉价租房、医疗、最低生活费、公立学校、工伤、失业、救助、养老等社保的高低，三次分配的福利，就成为重要的问题。如果薪水多、社保水平高等，国家与私人企业、国有企业承担不了，反之低了，职工不满意，称之为剥削和不公平。这里需要一个均衡点，是剥削与被剥削，公平与非公平的均衡点。而这个均衡点是与社会发展、国家的富裕、国企与私人企业的经营水平密切相关。把剥削与公平绝对化，以为不是剥削就是被剥削的两极化、极端化的看法是不符合实际的。

从宏观上讲，只要有不完全竞争市场，都有剥削，都有不公平，这一点在当代的发达国家及其各行各业均难以消除，在发展中国家更难以避免，如行业垄断（超额利润）、贪污、抢劫、假冒伪劣等都属于非法占有剩余价值，都是剥削，其实质就是无偿占有他人要素的贡献。剥削与非剥削是一个历史范畴，不同时代、不同条件，有不同的内涵，不能简单、武断地认为非此即彼——不是剥削就是公平。

在瑞典，有一段时间在社民党执政时，除了初次、二次及福利分配外，企业所余的利润，再进行分配，即成立基金会。但投资家觉得无利可图，纷纷离开瑞典。看来，在发展中国家，应该注意投资者的利益、风险和经营回报。不能把投资者吓跑了，他们应该有利可图，更不能简单化地认为都是剥削。

实际上，这个问题的实质就是效率和公平的联系，只讲公平、均等、平均主义，那么就牺牲了效率，像我们改革开放前的社会上的平均主义，而均等及平均主义也是一种剥削，是对生产要素贡献的不公平配置，社会也不会进步与发展。如只讲效率，没有公平，社会不会稳定。保持效率与公平之间的均衡的势位差，是社会、经济发展的重要课题，这与贫富差距的大小也是密切相关的。即保持了合理的势差，就会有相当的动力，也能达到相对公平的效果。势差——动力——发展——稳定，四者有一个整体协调、均衡的关系。既有效率也有公平的社会，应是我们追求的目标。

关于中国的民营企业家，据统计，有四点值得注意：①他们中约40%来源于干部，约10%来源于科技人员，其中不少原来就是党员。②他们大部分既是管理者，又是科学技术人员。③他们在近几年吸纳了新就业2700万中的95%人员。④在这个群体中，渴望入党的约有35%，不想入党的约有10%。这些问题都值得我们深入研究，不能都冠以“新生资产阶级”，不能都认为是剥削阶级。

3. 关于生产性劳动与非生产性劳动

早在1662年威廉·配第已提出了对非生产性劳动的否定，经过亚当·斯密、大卫·李嘉图的细化与丰富，马克思基本上继承下来。此问题已成为当代西方世界路人皆知的常识了，美国2001年7月的数据显示，11400万就业人员中，农业劳动力只占2.6%，产业工人仅占12.6%，白领（脑力劳动者）超过了蓝领（体力劳动者），这说明在西方知识劳动、创新劳动已成为社会经济的主体，正在向以科学为主导的“智力社会”转变。尤其是我们已成为世贸一员，金融、会计、统计、审计、信用评估、合同监督等系统都要与国际接轨，要修改、废除和新制定的有关法律一千多件。而我们中国人对这个问题的争论还在“深化”，听起来有些不可思议。事实上，只要明了马克思讲的“有效劳动”都创造价值，所以生产力系统所有要素都创造价值，“按劳分配”是在单纯的公有制条件下提出来的，是对交换的否定。因此只能按生产要素分配，我们就不能再简单地“按劳分配”了，不能再简单地区分生产性劳动与非生产性劳动了。

综上所述，我们必须应用马列主义系统思想重新构建劳动价值论，我们必须完整地、准确地理解马列主义。

系统科学方法论与科学发展观

近来，大家都在谈论“科学发展观”，但是，什么是“科学发展观”，什么是“非科学的发展观”？传统的发展观是科学的，还是非科学的？如何做到与时俱进？对于这些问题，本文将给予讨论。

一、系统思维的一般

1. 朴素的整体思想

最早的整体思想来源于古代人类社会实践经验。人们要从事各项社会活动，就要在实践中同各种对象打交道，于是逐渐积累了认识系统、处理系统问题的经验，这就产生了朴素的整体思想即系统的萌芽思想。例如，古代巴比伦人和古代埃及人就把宇宙看成是一个分层次构成的整体。作为古老的农业国家，我国从殷商时代，在畜牧业和农业发展的基础上，产生了阴阳、八卦、五行等观念，来探究宇宙万物的发生和发展，从而开始了最早的对系统的思考与实践。《管子·地员篇》、《诗经·七月》等著作，对农作物与种子、地形、土壤、水分、肥料、季节诸元素的关系，都做了较为辩证、系统的叙述。著名的军事著作《孙子兵法》从天时、地利、将帅、法制和政论等各方面对战争进行了整体的分析。医学著作《黄帝内经》也强调了人体内部各系统的有机联系。在对整体的经验认识的基础上，逐渐形成了对整体的哲学认识。朴素的整体思想在古代希腊哲学和古代中国哲学中以朴素辩证法的形式表现出来。米利都学派的泰勒斯、毕达哥拉斯，以及后来的赫拉克利特、德谟克利特都在他们的哲学思想中阐述过系统整体的观念。亚里士多德是欧洲思想史上第一个把许多门科学系统化的哲学家。他提出了“整体大于它的各个部分总和”的著名论断，指出了运用“四因论”来说明事物生灭变化的原因（质料因、形式因、动力因和目的因）。亚里士多德的“四因论”是古代朴素系统整体思想的最高表达形式和最有价值的文化遗产。

在中国古代哲学中，关于整体问题的哲学论述也很多。春秋战国时期的许多思想家都强调自然界的统一。《易经》探究世界的万物之源，认为阴阳生四象，四象生八卦，八卦生万物。金、木、水、火、土是构成世界万物的基本因素，五行八卦构成了自然界。思想家老聃在《老子》书中提出，道生一，一生二，二生三，三生万物。荀况在《天论》书中也从不同的角度和方面提出了认识和解释宇宙万物的萌芽系统模式。宋代著名的变法家王安石进一步发展了五行学说，他认为构成宇宙万物的金、木、水、火、土是由天地之间的阴阳二气运动变化而成的。同时五行之间也具有相生相克的功能，由此而构成了一个象征着宇宙万事万物既相互联系，又相互制约的五行生克系统世界。这种系统思想虽然是萌芽状态的、混沌的、朴素的，但也是十分宝贵的。因此，我们把古老的这种整体思想称之为萌芽的系统思想。

2. 机械的系统思想

15 世纪以来，分门别类的研究事物的方法，开始取代古代朴素地、系统地、整体地观察事物的方法。这种思维方式是同当时自然科学的发展相适应的。在文艺复兴运动中，近代自然科学把系统地观察和实验同严密的逻辑体系相结合，从而产生了以实验事实为根据的系统的科学理论。这种机械系统，最著名的有从“哥白尼革命”中诞生的日心系统，有产生于第一次科学大综合时代的力学体系，以及在此基础上所形成的生命机器系统理论。弗兰西斯·培根根据科学实验的成果，认为必须对一切可以获得的事实进行记录，然后再将这些记录的材料按一定的规则排列出来，编成表格。这样就出现了分门别类的研究事物的方法。这种思维方法，后来被 17 世纪初的哲学家霍布斯从哲学上加以概括，使其带有理论的性质。他把培根的理论系统化、极端化，用力学和几何学的原理来解释物质及其运动，认为物质运动纯粹是机械运动，是靠外力推动的。他认为把“物体——活的——理性”三个东西加到一起就是人。接着牛顿又把这种思想发展到顶峰，并贯穿到力学和物理学当中。

1687 年，牛顿出版了《自然哲学的数学原理》一书，以严密的数学推理和实验观测相结合，对物质组成、相互作用和运动规律进行了全面的系统的论证，从而建立起一个完整的普遍有效的力学理论体系。牛顿的另一部著作《论宇宙系统》把宇宙万事万物当作相互联系的大系统来阐述。

一位被恩格斯称为近代哲学中“辩证法的卓越代表”、同时又是著名科学家的笛卡尔，把机械原理运用到有机生命上，他首次提出了“动物是机器”的著名观点。他说：“宇宙为一大机器，生命机体也是一精密机器。”

在机械系统思想阶段，有三个人的思想最值得我们注意：一个是 17 世纪斯宾诺莎的实体思想。他认为世界是一个自然实体，它按照自己的规律运动。再一个是狄德罗的思想。他认为一切都在变，一切都在过渡，只有整体不变，世界生灭不已。还有德国数学家莱布尼茨，他的单子论同现代系统论比较接近。他认为“单子”是事物的元素，并且是“组成复合物的单元实体”。单子不是僵死的，而是能动的实体，一切所谓的“事物”都是单子的表现，他的许多论述已经接近现代系统论，他的科学方法论也近乎系统方法论。所以贝塔朗菲赞赏地说道：“莱布尼茨的单子等级看来与现代系统等级很相似。”

机械的系统思想虽然有着不可克服的局限性，但我们也必须承认它是人类系统思想发展的一个必经阶段。它的局限性在于其观点是“机械的”，即仅用力学的尺度来衡量化学过程和有机过程，不承认“整体大于部分之和”的原理而坚持“整体等于部分之和”，因而作为一种普遍的思想方法本质上是形而上学的。这种思维方式虽然过分强调分析方法，但就思想的部分来说，它并不是完全否认事物各部分之间是有联系的，它仍然承认从整体出发去认识自然体系，其中一些代表人物的思想为现代系统思想的产生也确实起到重要的启示作用。因此说，机械的系统思想作为系统思想史上的承上启下的理论，为后来系统思想的发展提供了有价值的思想资料。

3. 辩证的系统思想

17 世纪上半叶以来，自然科学的成就使辩证的系统思想有了进一步的发展。正如恩格斯指出的：“我们现在不仅能够指出自然界中各个领域内的过程之间的联系，而且总的说来也能指出各个领域之间的联系了，这样，我们就能够依靠经验自然科学本身所提供的事实，以近乎系统的形式描绘出一幅自然界联系的清晰图画。”到了 19 世纪，自然科学的发展引起了人们认识的根本转向。达尔文的生物进化论为生物有机论提供了一个科学的理论基础，而系统思想的发展同达尔文的进化论有着最直接的渊源关系。进化论认为生物是一个变化的系统，是在外界自然条件的影响和选择下，相应改变本身内部结构的系统。达尔文的有机进化思想冲击了机械的系统思想，使系统思维方式有了长足的发展。

系统思想分为两个发展过程：第一个是唯心的系统思想；第二

个是马克思主义唯物的系统思想。

德国“先验哲学”的创始人康德对唯心的系统思想的形成起到了一定影响。他把人类的知识理解为一种有秩序、有层次，并由一定要素所组成的统一整体。他还强调整体高于部分，把自然科学界中的整体划分为机械整体与含目的性整体两大类，认为运用系统整体的目的观点来分析事物，有利于科学研究的深入与发展。对此，贝塔朗菲给予高度的评价，认为康德的观点中包含着系统的要素，具有丰富的系统思想。

黑格尔作为世界哲学史上第一个全面地、有意识地叙述了辩证法的一般运动形式的德国唯心主义哲学家，他第一次把整个自然的、历史的、精神的世界看成一个过程。他的哲学理论充满着深刻的系统思想。黑格尔运用系统的观点和方法，按照“肯定、否定、否定之否定”的三段式，构造了一个完整的“绝对精神”辩证发展的哲学体系。他认为，一切存在都是有机的整体，“作为自身具体，自身发展的概念乃是一个有机的系统，一个全体，包含很多的阶段和环节在它自身内。”黑格尔把人们的思维能力看成一个具有等级层次的系统过程，即知性——消极理性——积极理性的系统发展过程。他的辩证法思想特别是关于系统过程的整体的思想是伟大的，正如恩格斯赞誉的：“一个伟大的基本思想，即认为世界不是一成不变的事物的集合体，而是过程的集合体，其中各个似乎稳定的事物以及它们在我们头脑中的思想映象即概念，都处在生成和灭亡的不断变化中……”

19 世纪中叶以来，以细胞学说、进化理论、能量守恒与转化定律三大发现为代表的近代科学技术的大发展，深刻揭示了客观世界普遍联系和相互作用的本质属性，证明了世界是一个统一的系统物质世界。马克思和恩格斯对前人的哲学思想，特别是对黑格尔的辩证法进行了扬弃，汲取了其“合理内核”，从而创立了唯物辩证法，开拓了系统思想的新时期。马克思和恩格斯在自己的著作中，多次从哲学的高度来明确使用系统概念和系统思想，如“系统”、“有机系统”、“总体”、“整体”、“过程的集合体”等概念。在马克思和恩格斯那里，系统理论的哲学表达方式大致分为四个方面：

一是相互联系的宇宙体系；

二是系统整体的自然观；

三是运动形式和科学分类的系统层次；

四是社会运动的系统理论。

马克思和恩格斯把社会看作一定经济形态的社会有机系统，认为社会“就是一切关系同时存在而又互相依存的”“一个统一的整体”。

列宁也有关于系统的思想。他指出：“马克思主义的全部精神，它的整个体系要求人们对每一个原理只是（a）历史地，（b）只是同其他原理联系起来，（c）只是同具体的历史经验联系起来加以考察。”他又说：“要真正地认识事物，就必须把握、研究它的一切方面、一切联系和‘中介’。”

以上说明，马克思、恩格斯是关于社会现象、自然现象的系统科学概念的奠基人，是对系统性原则最早进行了广泛而具体的科学研究的学者。这一点连系统论的创始人贝塔朗菲也认识到了。

4. 定量化的系统思想

19 世纪末期以来，自然科学、社会科学的发展推动了系统思想，由定性的哲学理论概括进入定量的具有广泛意义的科学思维方式的发展。马克思曾经指出，任何一门科学只有能够充分运用数学的时候，才算是达到了真正完善的地步。系统思想的发展也是这样，在定性研究的基础上，现代科学技术又提供了一套数学工具，来定量分析和计算系统各要素之间的相互联系与作用。

系统思想之所以发展到定量化的阶段，是现代科学技术发展的客观要求。随着新兴学科的蓬勃发展，人们面前的认识对象不断复杂化，人们经常会遇到大范围、高参量和超微、超宏的问题，这在客观上推动着人们必须不断地去探索认识复杂事物的方法，因而也就在客观上促进了定量分析的系统思想的产生。贝塔朗菲从 20 世纪 30 年代开始，积极宣传一般系统论的思想。他总结和概括了生物学的机体论，阐述了系统的科学原则。他认为，把孤立的各组成部分简单地相加不能说明高一级水平的性质和方式，如果了解部分之间的关系，那么高一级水平的活动就可以推导出来。这就为系统思想的定性分析转入定量分析指出了一条道路。1945 年，贝塔朗菲正式发表《关于普通系统论》的论文，1968 年写了《一般系统论》的专著。他指出，一般系统研究应当包括三个主要的方面或内容：一是关于"系统"的科学和数学系统论，即"普通系统论"；二是"系统技术"，其中包括系统工程和系统方法；三是

“系统哲学”，即系统论哲学研究。

接着心理学家米勒创立了一般生命系统理论，他认为一切活着的具体系统都叫作“生命系统”。有人认为，米勒提出的生命系统层次——子系统表可与门捷列夫“化学元素周期表”相媲美。

1969 年物理化学家普里高津提出了“耗散结构论”，从热力学第二定律出发，宣称“非平衡可能成为有序之源，而不可逆过程导致所谓‘耗散结构’这一种新型的物质动态”。普里高津的这一理论实际上说明在宇宙中的各系统，无论是有生命的还是无生命的，无一不是与周围环境有着相互依存和相互作用的开放系统。其次，普里高津提出的“探索复杂性”这一响亮口号把复杂系统的研究视为超越传统科学的新型科学，产生了广泛的影响，最引人注目的是 1984 年美国成立的圣塔菲研究所（SFI）。

协同学是由德国物理学家哈肯于 1971 年开始倡导的系统理论。它表示在各种不同类型的复杂系统中，许多要素的协同作用即联合作用将超出各要素自身的单独作用，从而产生出整个系统的统一宏观模式。这一过程就被哈肯称为协同过程。他为各种类型的系统从无序到有序的自组织转变建立了一套数学模型和处理方案。

社会系统论。认为社会系统是由社会各要素协调一致的行动和相互关联的功能所组成的统一整体；人类社会是自适应系统。代表人物有 T. 帕森斯、M. 邦格、W. 巴克利。

经济系统论。首先是美国经济学家 W. 列昂节夫根据国民经济各部门之间产品交易的数量编制的一个棋盘式的投入产出表，它依据各个部门各单位产出所需由其他部门投入的产品数量编制投入系数表，从而进行有效的经济分析。其次是经济学家 K. 保尔丁提出的熵过程经济系统，他认为消费是一种典型的熵增过程，生产是一种典型的熵减过程即进化过程。经济学家 N. 乔治斯库在这个问题上也提出有价值的见解，认为经济过程是熵过程，经济系统是熵变系统；力学现象是可逆的而熵现象是不可逆的，等等。

组织管理系统论。认为企业是一个由物质的、生物的、个人的和社会的几方面要素组成的一个“合作系统”，企业管理的核心就是这几个方面要素的协调。创始人是美国的切斯特·巴纳德等。

二、系统科学的主要规律

系统科学或者系统辩证学是一种包括一系列普遍规律和范畴的科学系统；它以当今世界的新理论、新发现为依据，以系统的关系与发展为特点，并以系统观、过程观和时空观为内容。这是一个新的系统哲学理论。其规律与范畴可普遍应用于自然界、社会和人类思维领域。

规律是系统本身发展过程中固有的、基本的、必然的和稳定的关系。

系统辩证学综合发展了唯物辩证法、自然辩证法、社会辩证法和思想辩证法中的一系列哲学范畴而形成自己的范畴。它按其内在的关系组成一个新的科学体系。它通过一个哲学范畴中的内在关系和逻辑发展，反映和揭示了系统的普遍规律。系统辩证学作为系统普遍联系和发展变化的学说，也是标志着思维发展的辩证之网。各个范畴都是网上的纽结，而通过纽结联系及其运动而形成的规律既有客观事物的规律，也有思维的规律。因此，系统辩证学既是一般世界观，又是一般方法论、认识论和价值论。系统辩证学从不同的方面揭示系统联系、系统发展的一般性质，揭示系统观、过程观、时空观的基本内容，并按它们所反映的层次和深度而相互区别开来，构成其规律和范畴。其中，通过系统、要素、结构、功能、自组（织）涌现、涨落、超循环、层次、序量、差异、协同、中介等范畴所揭示的自组织涌现、差异协同、结构功能、层次转化、整体优化等规律，是系统辩证学的基本规律。这五大规律，由浅入深从奇点到现时地揭示了自然、社会和思维的系统联系和系统发展。

自组（织）涌现律是系统辩证学最广泛、最普遍的规律，是宇宙系统的第一规律。它从宇宙整体上揭示了宇宙演化的原因——宇宙系统的差异自组织、自涌现。

差异协同律是系统辩证学的中心律。它从存在与发展的基本形式进入进化、演化的深刻的内容，揭示了系统内部差异和环境差异协同并共同进化的本质及精髓，这是事物普遍联系的最根本内容，是事物系统变化发展的根本动力。

结构功能律与层次转化律揭示了普遍存在于一切系统的两个最明显的属性或规定性——结构、层次，揭示了普遍存在于一切系统的运动、变化、发展的基本形式或状态。要懂得系统的联系和发展的状况，就要深入了解结构功能、层次转化这两个规律。

整体优化律是系统辩证学的最基础的规律。这一规律揭示了系统由差异引起的发展，是优化——劣化——再优化，以至循环往复、螺旋式的进化运动。把握这一规律，就可以从系统整体上理解事物自身运动、自我发展的全过程。它是自组织涌现律的深化与发展。

这五个相互联系着的基本规律，构成系统辩证学理论体系的主干。除此而外，系统辩证学还包括一系列最普遍的范畴，并通过这些范畴的系统联系和发展，从系统事物的各个侧面揭示它们的一般规律。

系统辩证学的规律和范畴，是相互联系的，是相互包含和相互贯通的，因为世界宇宙就是一个网络大系统。一方面，规律包含着范畴，范畴里有规律的本质。从逻辑形式上看，规律以判断来表达，范畴以概念来表达；判断离不开概念，规律离不开范畴。另一方面，范畴体现了规律。范畴及其关系加以展开，就构成为规律。如系统与要素、渐变和突变、控制和反馈、有序和无序、表征和被表征等等，都是系统事物的客观规律。离开范畴，规律就无法揭示，也无法表达；离开规律，范畴就成了一个个孤立的、凝固的概念，就变成空洞无物的抽象。

系统辩证学以差异协同律为中心，联结自组（织）涌现律、结构功能律、层次转化律、整体优化律构成系统网络的主线，把诸范畴串联起来，构成了一个完整宏大的网络体系，构成了物质、能量、信息的宇宙世界的大系统。

从“系统辩证学规律、范畴体系表”中可以看出：

（一）由于物质、能量、信息构成了系统物质世界，因此，不论是自组（织）涌现、差异协同、结构功能、层次转化，还是整体优化，都离不开信息控制。信息控制使系统趋向一个稳定的有序结构状态。系统为形成稳定的有序结构的这种差异自组织过程，就

表 1　系统辩证学规律、范畴体系表

（对唯物辩证法的发展）

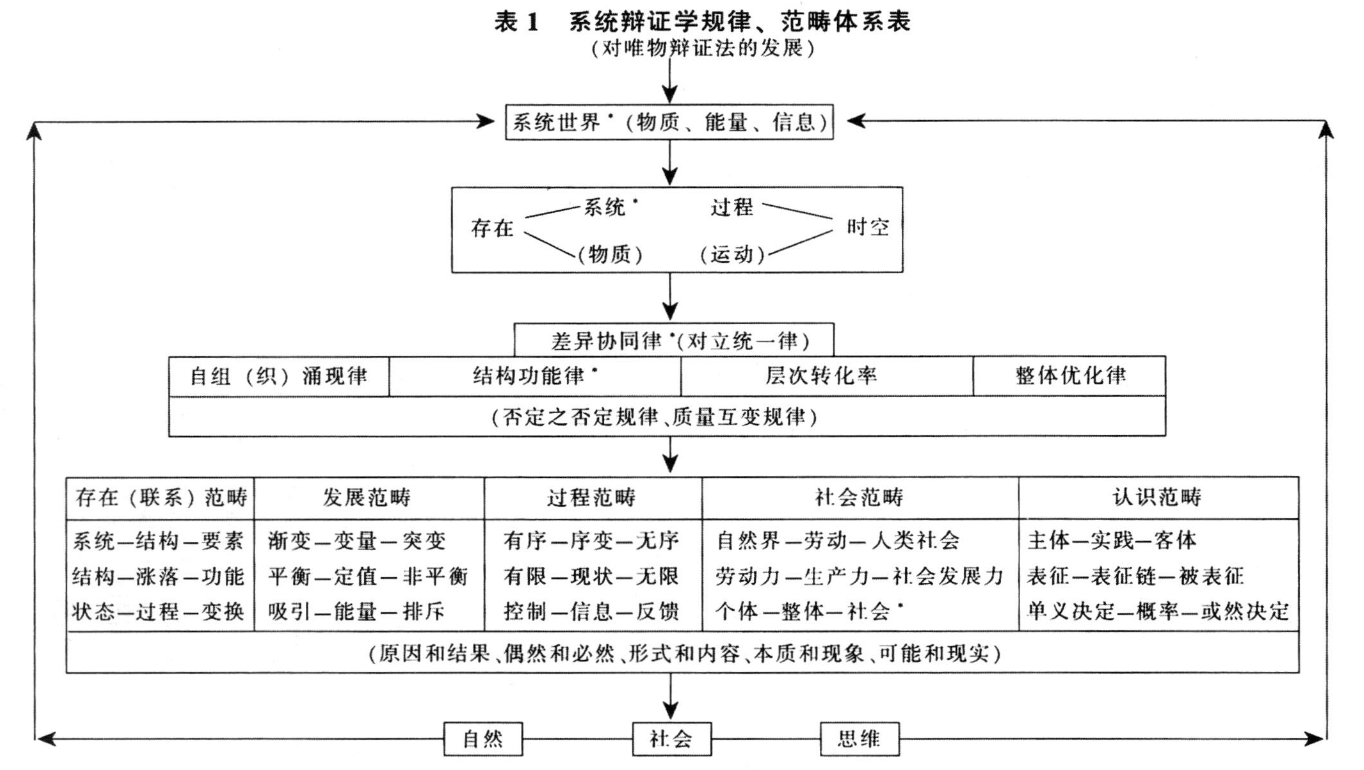

注："*""核" 表示存在的地方。

是系统的目的性（随机性、因果性）的运动过程，也可理解为“由信息反馈来控制的目的”。因此系统作为实现其目的自组织过程，就不断获取、加工、处理和使用信息（或熵），使系统保持在有目的状态中。在某些情况下，就是优化控制。信息有直线式的输入——输出，有循环式的输入——输出——反馈的形式，也有相互作用形成的全息式方法等等。由于这些众多的不同的信息传递方式，也使系统获得了某种预决性，或者说使系统行为受到终态的制约。这五条基本规律相互作用、相互联系形成了非线性的耦合的立体网络系统，即以差异协同律为中心，与自组（织）涌现律、层次转化律、结构功能律、整体优化律构成系统的主干线，把诸范畴串联起来，并通过信息控制实现系统与系统以及要素之间的相互作用、相互联系，构成了物质、能量、信息的宇宙世界的大系统。

（二）宇宙系统的存在、大爆炸奇点的零时空、系统与过程、物质和运动、时间和空间的范畴，是这个体系的逻辑起点，系统（物质）和过程（运动）与时间和空间不可分割地联系在一起。在它们之下是五大规律把所有范畴贯穿成一个整体。五大规律之下是五大类型的十五组范畴，这些范畴是对客观系统差异协同关系的概括、提炼。

（三）系统辩证学的范畴体系之下，是自然、社会、思维三个领域的范畴，它们共同构成了系统辩证学哲学范畴的基础。它们按一定的方向推演，又回到自然界发展的起点。但这种“回复”，不是一个简单的圆圈，而是辩证的循环，是新涌现整体的诞生。从自然到社会再到思维的发展，反映了客观世界发展的历史过程。人们通过实践，实现了从抽象上升到具体、逻辑和历史统一的认识，从而使人们认识的循环往复与自然发展的循环往复统一了起来，使思维和存在统一了起来。

（四）上述体系从自然的循环发展形成的箭头所指的圆圈和认识循环发展的圆圈，构成了“双向循环的网络范畴体系”。这个双向循环相互一致，按中间箭头的方向无限地发展。这揭示了宇宙的演化、自然的进化是无穷的，人类的认识、思维的进步也应该是无穷的。我们的价值观应该建立在这样一个基础上。这一点是我们对系统辩证学规律、范畴体系的整体上、宏观上新的概括和说明。

（五）系统辩证学规律、范畴体系表从理论的基本结构层次框架上作了说明。在这个理论体系之中，还有一个“核”、“环”与“链”的概念问题。本理论体系使用了五个“核”：在系统世界中存在“宇宙核”，可以设想这就是宇宙的奇点；在系统观中存在有“系统核”(整体核)；在结构功能律中存在有“结构核”，并有“剩余结构”而导致“剩余功能”；在差异协同律中存在有“动因核”，或叫差异协同子；在个体——整体——社会范畴链中存在有“社会核”。宇宙核——系统核（整体核）——结构核——动因核——社会核形成了有机的“核系统”，它在不同客观事物中占据着主导地位和起着决定作用。比如“环”与“链”在范畴的连接方式上是客观存在的。“环”与“链”是“核”的展开与补充，三者之间有内在的关联性。

实际上，了解了“核”的诸层次也就了解了宇宙的核心部分。恩格斯早在100年前就告诉我们：“关于自然和历史的无所不包的、最终完成的认识体系，是同辩证思维的基本规律相矛盾的；但是，这样说决不排除，相反倒包含下面一点，即对整个外部世界的有系统的认识是可以一代一代地取得巨大进展的。"① 今天，几代人过去了，人类对自然和社会的认识有了巨大的进展，我们应该在现代科学技术蓬勃发展的当今时代，建立起一个新的思维体系，这是哲学和科学发展的需要，也是更好地认识世界、促进与客观世界和谐发展的需要，更是中国当代改革、开放、建设的需要。

三、系统思维是对马列主义、毛泽东思想的回归与发展

钱学森同志指出："毛泽东思想的核心部分就是从整体上来认识问题。"② 事实上，只要稍加研究，就会发现系统思想是符合马列主义、毛泽东思想和邓小平理论的，是马克思主义的一种新的形态。

马克思指出："具体之所以具体，因为它是许多规定的综合，因而是多样性的统一。"③ 譬如，任何社会的再生产过程，都是由生产、交换、分配、消费四个环节有机组成的统一体，社会再生产要正常进行，这四个环节就需要协调发展。不存在哪个是主要的，哪个不重要的问题。他进一步讲道："各个单个资本的循环是互相交错的，是互为前提、互为条件的，而且正是在这种交错中形成社

① 《马克思恩格斯全集》第26卷，人民出版社2014年版，第27—28页。
② 钱学森：《要从整体上考虑并解决问题》，《人民日报》1990年12月31日。
③ 《马克思恩格斯文集》第8卷，人民出版社2009年版，第25页。

会总资本的运动。”①

关于生产力系统，可以分为劳动者、劳动手段（工具）、劳动对象、劳动环境等。马克思讲：“过程的所有这三个要素：过程的主体即劳动，劳动的因素即作为劳动作用对象的劳动材料和劳动借以作用的劳动资料，共同组成一个中性结果——产品。”②

“当分工发达的时候，几乎每个人的劳动都是整体的一部分，它本身没有任何价值或用处。因此工人不能指任何东西说：这是我的产品，我要留给我自己。”③

因此，生产力系统最少也有三个要素：劳动者、劳动资料、劳动对象。要素之间的关系是互为条件、互为存在的，缺少任何一个要素或者只有一个要素是不可能创造任何使用价值、效用或财富的。如果在当代，生产力系统就更复杂了。

关于协作，马克思讲：“协作的结果是，通过协作所生产出来的东西，比之同样多的人在同样的时间内分散劳动所生产出来的东西要多，或者说通过协作所生产的使用价值，在另一种情况下是根本不可能生产的。”④

恩格斯讲：“许多人协作，许多力量融合为一个总的力量，用马克思的话来说，就产生‘新力量’，这种力量和它的单个力量的总和有本质的差别。”⑤

---

① 《马克思恩格斯文集》第 9 卷，人民出版社 2009 年版，第 392 页。
② 《马克思恩格斯全集》第 32 卷，人民出版社 1998 年版，第 65 页。
③ 《马克思恩格斯全集》第 31 卷，人民出版社 1998 年版，第 105 页。
④ 《马克思恩格斯全集》第 47 卷，人民出版社 1979 年版，第 294 页。
⑤ 《马克思恩格斯全集》第 26 卷，人民出版社 2014 年版，第 134 页。

恩格斯指出："我们所面对着的整个自然界形成一个体系，即各种物体相互联系的总体……这些物体是相互联系的，这就是说，它们是相互作用着的，并且正是这种相互作用构成了运动。"① "如果有人以一般的表达方式向他们说，一和多是不能分离的，相互渗透的两个概念，而且多包含于一之中，正如一包含于多之中一样……什么样的多样性和多都包括在这个初看起来如此简单的单位概念中。"② 这里，恩格斯明确地提出了一分为多，合多为一的思想。针对简单的两极对立的思维方式，恩格斯指出："所有这些先生们所缺少的东西就是辩证法。他们总是只在这里看到原因，在那里看到结果。他们从来看不到：这是一种空洞的抽象，这种形而上学的两极对立在现实世界存在于危机中，而整个伟大的发展过程是在相互作用的形式中进行的（虽然相互作用的力量很不均衡：其中经济运动是最强有力的、最本原的、最有决定性的），这里没有什么是绝对的，一切都是相对的。"③

列宁指出："每种现象的一切方面（而且历史在不断地揭示出新的方面）相互依存，极其密切而不可分割地联系在一起，这种联系形成统一的、有规律的世界运动过程，——这就是辩证法这一内容更丰富的（与通常的相比）发展学说的若干特征。"④ "辩证法要求从相互关系的具体发展中来全面地估计这种关系，而不是东抽一点，西抽一点。"⑤ "在（客观的）辩证法中，相对和绝对的

① 恩格斯：《自然辩证法》，人民出版社 1971 年版，第 54 页。
② 恩格斯：《自然辩证法》，人民出版社 1971 年版，第 238 页。
③ 《马克思恩格斯文集》第 10 卷，人民出版社 2009 年版，第 601 页。
④ 《列宁选集》第 2 卷，人民出版社 2012 年版，第 423 页。
⑤ 《列宁选集》第 4 卷，人民出版社 2012 年版，第 416 页。

差别也是相对的。”①

斯大林说：“辩证法不是把自然界看作彼此隔离、彼此孤立、彼此不依赖的各个对象或现象的偶然堆积，而是把它看作有联系的统一的整体，其中各个对象或现象互相有机地联系着，互相依赖着，互相制约着。”② 又说：“马克思主义把社会生产看作一个整体。”③ “一切以条件、地点和时间为转移。”④

毛泽东指出：必须学好“弹钢琴”，要十个指头都动作，不能有的动，有的不动。“不能只注意一部分问题而把别的丢掉。凡是有问题的地方都要点一下，这个方法我们一定要学会。”⑤ 还指出：“世界上的事情是复杂的，是由各方面的因素决定的。看问题要从各方面去看”。⑥ 毛泽东讲，抓全面经济工作，应该像一盘棋一样考虑，全国一盘棋。毛泽东在《工作方法六十一条》中提出抓两头带中间的方法。

邓小平讲：“学会当乐队指挥。”

根据马克思主义经典著作的论述，我们可以而且应当得出三点结论：

第一，无条件的绝对性是不存在的。过去我们所说的“斗争是绝对的”、“运动是绝对的”、“非平衡是绝对的”等等，是不符合马列原意的。所谓“绝对”，只是在一定条件下、一定意义上

---

① 《列宁选集》第2卷，人民出版社2012年版，第557页。

② 《斯大林选集》下卷，人民出版社1979年版，第425—426页。

③ 《列宁主义问题》，人民出版社1955年版，第634页。

④ 《斯大林选集》下卷，人民出版社1979年版，第586页。

⑤ 《毛泽东选集》第四卷，人民出版社1991年版，第1442页。

⑥ 《毛泽东选集》第四卷，人民出版社1991年版，第1157页。

讲的。

第二，把事物仅仅看成是“一分为二”的，是两个方面的对立和统一，也是不够的。事物是由“多”构成的系统整体，通俗地表示即：一分为多，合多为一。正是这种思想大大发展和丰富了一分为二的观点。用矛盾的观点看问题和用系统的观点看问题，结果是很不一样的，虽然矛盾观也讲联系。

第三，我们过去只研究马列主义的“两点论”、“矛盾论”，而忽视了马列主义的整体思想。其实，马列主义有极其丰富、深邃的系统理论。

四、用马列主义系统思想改进我们的思想方法与工作方法

近年来有许多学者都在探讨如何发展马克思主义哲学的问题，体现了我国主流理论界、思想界主动创新的决心和姿态。我国现阶段的哲学思想和哲学方法落后于社会的变革和发展，这已是不争的事实。

恩格斯在《路德维希·费尔巴哈和德国古典哲学的终结》(写于1886年，1888年出版单行本）中说：“随着自然科学领域中的每一个划时代的发现，唯物主义也必然要改变自己的形式。”他继续论述说：“由于这三大发明（细胞学说、达尔文进化论、能量守恒及转化定律）和自然科学的其他巨大进步，我们现在不仅能够

证明自然界中各个领域内在的过程之间的联系”，而且“可以制成在我们这个时代令人满意的自然体系”。

这段论述有四个问题是需要研究的：一是什么是“划时代的发现”。二是1888年后有没有划时代的发现。三是什么是唯物主义必然要改变的形式。四是什么是令人满意的自然体系。

1. 什么是“划时代的发现”

（1）1543年哥白尼的“天体论”，提出“太阳中心论”，推翻了1400多年以来亚里士多德、托勒密的“地心论”，史称“哥白尼革命”。因为“地心论”是符合教皇圣经的，地球是上帝创造的，梵蒂冈是全球中心。从1616年始“天体论”被教会正式禁止达200多年，因为当时哥白尼的学说已被人所接受，布鲁诺为捍卫哥白尼的学说，被关了7年，烧死在火刑柱上。

伽利略于1632年出版了《关于托勒密与哥白尼两大世界体系对话》，用数学及科学实验方法证实了哥白尼的学说，1633年教皇宣判他终身监禁，343年后才平反（1979年）。

（2）1687年，牛顿出版了《自然科学与数学原理》，提出了绝对的时间、空间、运动、静止，也提出了宇宙的无限、多中心。

（3）1900年普朗克提出“量子论”，与随后1912年波尔的互补原理，1927年海森堡的测不准原理，这样形成了量子理论。

1905—1915年，爱因斯坦提出相对论。

1922年，苏联数学家A. A. 弗里德曼用数学计算提出宇宙的膨胀及收缩模型。

1929 年，哈勃证实宇宙在膨胀。

1948 年，苏联理论物理学家、核物理学家乔治・伽莫夫提出热爆炸模型。

1951 年，教皇宣布大爆炸理论是对的。

还有，基因理论、DNA 双螺旋模型、夸克模型、元素周期率、大陆漂移学及板块学说、宇宙大爆炸理论、系统论、控制论和信息论等等，这些都可以认为是“划时代的发现”。

从 1886 年恩格斯写这篇文章以来，世界上至少有十多种“划时代的发现”。因此，唯物主义也就必然要改变自己的形式。

2. 认知的启迪——“要改变的形式”

1886 年，恩格斯写了《自然辩证法》，它是草稿；1925 年被苏联人整理后公开发表。随后，苏联根据恩格斯的《自然辩证法》，编写哲学材料，被中国人在 20 世纪 50 年代引入大学，从此哲学体系再没有发生什么变化。但是自 1886 年以来，从这些“划时代的发现”里我们可以领悟到：

（1）相对论及量子理论等，否定了牛顿的绝对时空观，揭示了时间、空间、物质、运动统一性和相对性。

（2）对时间的认知：时间是权力，是财富，秩序也是财富；在飞机上绕地球一圈，多活一秒；四维性时空与时空 11 维性。但是人脑还没系进化到如此境界；我们只能看到似乎是三维空间的二维（如电影）。并且我们看到宇宙只是它的过去时 8 分钟。

（3）时间的快与慢与权力、财富集中快慢的关系。

（4）时间的形态：量子化（时、空、物不可分）。

（5）人类制造的钟表时间与物质系统进化时间的区别：可逆与不可逆。这意味着，每个事物系统、每个粒子都有自己独立的时空。

（6）否定了拉普拉斯的决定论，揭示了微观世界的统计规律。比如：市场与宏观社会是一个复杂的系统，微观世界与宇宙宏观的统一性、系统性、整体性。它们共同组成一个大系统。

（7）系统发生突变的可能性和系统事物进化过程的不可逆性、量子性、量子振荡。

（8）量子场论统一了粒子和场（波）的对立。爱得华·维特综合了数个弦理论，认为五种弦理论是不同的表现方式，并用数学计算出了 11 维，因为人脑进化有限不能体验。弦构成了夸克以及所有粒子，每一个基本粒子都对应“弦”的一个振动模式，就像吉他上某根琴弦的振动。物理学家相信：一个数学上如此优美的理论是不可能不真实的，如电影只有两维，但表现多维。

（9）左右不对称是自然界的基本规律，奇点时最对称，现在宇宙是不对称的，所以，要把微观的基本粒子和宏观的物质与真空统一研究，这就是“整体统一”。

有引力必有斥力，但没有发现斥力。如磁单极子，左右不对称是自然界的基本规律，宇称不守恒，CP 不对称的，在宇宙中反粒子是非常少的，物质与反物质是不对称的，正电子与电子也不对称，如果人类是对称的话我们就会湮没。宇宙中 90%以上的暗物质，我们不清楚。我们所处的世界，只是我们能够感知和测量的世界。在亚原子世界里，因果关系的概念不复存在，剩下的只有“可能性”。大部分复杂的系统都是在自发的过程中形成的。

在人文科学上，如政策，表面看是一致的，似乎是对称的，实际上是不对称的。如：

——政策有周期性（量子振荡）；

——具有概率分布：概率性，突变性；

——它有时间性，不可逆性。

虽然政策一样，但效果不一定一样。

各国经济周期的趋同化，无边界经济的出现等，都说明了政策的量子振荡。

再如，在人文科学中，在一定的时空中，生产力与生产关系是互相决定的；经济基础与上层建筑是互相决定的；社会存在与社会意识是互相决定的，等等。

因此，系统思想及其理论就是传统理论要改变的形式的新范式。这样，就为新的哲学——系统辩证学的产生，提供了社会的、经济的和科学的充分根据。

马克思主义本身就是一个开放的系统，1886 年以来“划时代的发现”就有相对论、量子力学、宇宙大爆炸理论、基因理论、DNA 双螺旋模型、板块学、系统科学等理论以及信息技术、合成化学技术和生物技术等重大技术发明。每一个划时代的发现与发明都给传统的唯物论提供了“改变自己形式”的良好机遇。而系统思想正适应了、代表了这种“改变自己形式”的需要，也正是这些“划时代的发现”、给了我们深刻的启迪：过去我们认为时间、空间、物质是绝对的，斗争、运动、是绝对的；现在我们知道宇宙是一个复杂的大系统，有层次、有结构、有差异、有协同、有优化。宇宙系统不是简单的对立统一体，而是微观粒子系统与基本力系统的演化史，时间、空间、运动、物质是不可分割的整体。物质都具有波粒二相性，物理量的不可连续性，以及微观粒子的位置与动量的概率性，等等。唯物主义需要不断地从科学技术的新成果中汲取营养，保持自己的生命力。系统思想扎根于现代科学技术，其哲学和认识论、方法论基础是符合马克思主义的。当前，坚持用系统的观点看世界，把事物看成是由多层次、多要素、多方面相互联系而构成的有机系统，把系统思想、系统思维方式看作我们看问题、办事情的基本方法。

系统思想、系统方法不仅是科学研究的主要方法，也应当是我们抓改革、搞建设的基本思想和基本方法。尤其是在体制创新、科技创新、推动经济结构调整的重要时刻，是一个十分迫切的重要课题。

物理学家李政道讲："到了21世纪，微观和宏观会结合成一体。不能再用以前那种'无限可分'的方法论，越来越小的研究路子，改变方略，从整体去研究。""微观的元素与宏观的天体是分不开的，宇宙是一个不可分割的整体。""一个个认识了基因，并不意味着解开了生命之谜。"①

经济学家斯蒂格利茨指出："整个经济学界逐渐认识到，宏观经济行为必须和作为它的基础的微观经济原理联系在一起；经济学

① 国家科技教育领导小组办公室编：《科技知识讲座文集》，中央党校出版社，第326、339页。

原理应该是一套，而不是两套。然而这一观念却根本没有在任何既有的教科书中深刻反映。”①

但是，直到今天，我们还不十分理解这一点。传统的理论教育使他们只知道“一分为二”、“抓主要矛盾”，习惯于“单项突破”、“专项打击”，习惯于头痛治头、脚痛医脚，习惯于抓住一点、不顾其他，缺乏系统思想和系统观念。党的十四届三中全会《决定》中提出“整体推进，综合配套”，党的十六届三中全会提出的“五个统筹”、“五个坚持”的表述都是一种方法论的重大突破。

推广系统思想和系统方法具有重要的现实意义。

第一，系统思想可以指导我们更好地认识世界，促进人与世界和谐发展、进化。当代世界是一个多样化、复杂化的世界，经济的全球化、政治的多极化、文化的多元化使人类的活动范围大大扩展，世界的联系越来越广泛，科学发展的广度和深度超过了历史上的任何一个时代。因此，在今天认识世界、促进人与世界和谐发展的过程中，如果没有系统、整体、多样化的思维，不仅无法适应这个世界，更难有效地适应人与自然的可持续发展的需要。当代系统科学的发展，各种系统工程的大规模应用（如美国的登陆火星计划和中国的登月工程），世界范围内“系统热”的相继兴起，以及许多人对系统思想的日益重视，都深刻地说明人们已逐渐认识到了这个问题。

1996年颁布的《美国国家科学教育标准》中写道：“从幼儿园

① 斯蒂格利茨：《经济学》，作者序，中国人民大学出版社，第2页。

到 12 年级的教育活动，所有学生都应该培养与下述概念和过程相关的理解力和能力：系统、秩序和组织；证据、模型和解释；不变性、变化和测量；演变和平衡；形式和功能。”接着《标准》解释道：“自然界和人工界是复杂的，它们过于庞大，过于复杂，不可能一下子研究和领会。为了便于调查研究，科学家和学生要学会定义一些小的部分进行研究。研究的单位称作‘系统’。系统是相关物体或构成整体的各个部分的有组织的集合。例如生物体、机器、基本粒子、星系、概念、数、运输和教育等都可以构成系统。”①由此可见，系统及系统科学已经成为当代最具有综合性的、最有价值的、最重要的基础概念和科学。

第二，系统思想更能适应现时代对哲学的需要。系统思想最根本的特点是在唯物辩证法的基础上，吸收了系统理论和系统科学中的积极成果。系统思维方式对于指导我们处理当今世界一些重大问题，具有现实意义。例如，以往的时代，伴随着社会的变革，阶级矛盾比较突出，各种势力的较量十分尖锐。封建主义的统治，帝国主义的侵略，法西斯主义的猖獗，使各种矛盾都处于一种比较尖锐的状态。在这样的情况下，矛盾辩证法由于适应了世界爱好和平的人民争取独立、自主和建立人民民主制度的需要，成为哲学奏鸣曲中的主旋律。但是，从今天的世界来看，由于社会生产力的高速发展，使许多矛盾已趋于缓和，全球性的尖锐问题得到了一定程度的缓解，各国经济方面的合作提到了重要的日程。对立的因素减弱了，多种协同因素的地位和作用突出了，用对话代替对抗，用协商

① 许国志主编：《系统科学》，上海科技教育出版社 2000 年版，第 386 页。

来解决目标争端，防止核扩散与霸权主义。邓小平同志说，我们多年来一直强调战争的危险，但是现在我们的观点有点变化。另一方面，随着人类文明的发展，科学技术获得巨大的进步，对哲学的科学性、精确性必然也提出了更高的要求。这样，作为时代精神集中体现的哲学就要求有相应的转换和发展。系统思想正是由于适应了这一转换，所以受到了普遍的欢迎。

第三，系统思想可以更好地指导今天的改革、开放和社会主义现代化建设。今天我们的工作重心已发生了转移，现代化建设的问题日益突出。如果说，战争时代需要“革命的哲学”，那么建设的时代就需要“建设的哲学”，需要把多方面力量协调起来的哲学。从革命党到执政党的转变，哲学的转变是根本的转变。邓小平同志从实际出发，提出用“一国两制”来解决历史遗留问题的新构想，就是这方面的一大创举。此外，随着改革开放的进程，今天的中国社会生活也在急速地变化。生产的社会化、交流的扩大化、联系的多样化、科学的巨量化，使系统思维方式成为一种现实的需要。

第四，系统思想是可以与中国传统文化完美地结合在一起的。东方人与西方人在思维方式上有着某些明显的不同之处，这是东西方许多学者的共识。中国人的深层心理构成与特有的思维方式，使他们必然更多地关注整体、结构、关系、反馈、调节、平衡，这就驱使他们必然地采取以人为中心的“天人合一”观，以社会（群体）的和谐安稳为中心的人文态度，以系统思考为特征的系统思维方式。在对自然界的认识上，《老子》说：“人法地，地法天，天法道，道法自然。”人类要获得良好的生存与发展，就必须遵循而不是违背天、地、人所共具的普遍规律。在个体与群体的关系

（包括个人与家庭、个人与社会、家庭与社会、家与家、国与国之间的关系）上，中华民族独特的思维方式，对中华民族始终凝聚不散、和谐相处，发挥了不可替代的伟大的作用。儒家学说的核心是“仁学”，而所谓“仁”，孔孟都明确表述过，就是“爱人”，就是“己所不欲，勿施于人”，就是“己欲立而立人，己欲达而达人”，就是“老吾老以及人之老，幼吾幼以及人之幼”。孔孟把处理好个体与群体的关系的责任，把“修、齐、治、平”的责任，都放在了个人的肩头。直到孙中山的“天下为公”和毛泽东的“全心全意为人民服务”，无不贯穿着这种融个体于群体之中，以群体的和、乐为个体的生存、发展的前提的系统思维方式。中国传统哲学、文化的这种系统思维方式，重视整体，认为局部的存在与价值有赖于整体，而整体在质上大于各个局部之和。

五、发展观之比较

1. 分析范式（或分析—累加法、或还原论）

分析范式：

（1）所有的事物可以分解、还原成要素，要素可以由其他事物替换，这是一种还原论的观念。

（2）要素之间存在着简单的线性关系，将所有的要素加到一起，便是事物质的总体。因此可以将要素的相互关系割裂开来，进行研究。

（3）可以把要素的性质与规律加起来，推导出总体的性质与规律，换而言之，解决了各要素的问题，就相当于解决了整体的问题。

（4）要素及要素服从机械因果律和单一决定论，即一个原因必然决定一个结果，系统之间有着一条直线因果链。

（5）事物及要素是可逆的，不存在时间之矢，事物不进化，只是循环。

（6）在价值观上，认为要素好，整体一定好。

（7）在经济学上，不承认国民经济是一个系统整体，认为国民经济不是微观就是宏观，否认多元经济的存在。

（8）市场与计划有阶级的区分。

分析范式的成就：

（1）现代科学技术的根本思维方式，体现在自然科学及哲学等方面（如牛顿、笛卡尔、培根、黑格尔）。

（2）在生产方面，不但引发了工业革命，还造就了“泰勒制”。

（3）在经济学上，造就了亚当·斯密以来的市场理论。

（4）在社会学上，出现社会主义与资本主义的范畴，等等。

2. 矛盾范式

（1）唯物辩证法包括阶级分析方法、矛盾分析方法和历史分析方法。它是无产阶级的世界观、方法论、认识论与价值观，是其立场、观点与方法。

（2）事物是一分为二，简称“两点论”，“两分法”，“一分为二”，即有优点也有缺点。“两手抓”，“两手都要硬”；一手抓“非典”，一手抓经济；“两条腿走路”。因此有一条腿长一条腿短的结局。

（3）事物有主要矛盾，矛盾有主要方面，有“突破口”，只要抓住了主要矛盾，其他问题就迎刃而解了，只要能找到“突破口”就能有“以纲带目，纲举目张”的神奇效果。于是有如“阶级斗争为纲”，“以粮为纲”，“以经济建设为中心”，“抓‘中心’带一般”的思维方法。

3. 系统范式

（1）世界上任何事物都是由内在要素（元素）构成的。系统的整体功能就是 3>1+2，其新的系统（整体）会产生要素在孤立时所没有的新质（涌现）。

（2）要素之间存在着复杂的非线性关系，整体结构具有复杂性。认识整体不仅仅要认识要素，还要认识要素之间的关系（比如现在的中国的产业结构、社会机构）。

（3）系统是进化的，有产生、发展、消亡的历史过程，这个过程是不可逆转的，在临界点上有突变的可能性和现象的不可预测性，系统行为轨迹不是绝对的，必然的。

（4）系统的结构决定系统的功能、行为。如经济结构、产业结构、领导结构决定宏观效益；又如汉字“太”与“犬”是结构的序量，“木”、“林”、“森”与“火”、“炎”、“焱”是质量互变；如宇宙是三类基本粒子（夸克、轻子、媒介子）和四种基本力构成的序列结构；人是由90多种元素构成的有机整体；DNA是四种不同的核苷酸（A、G、C、T）在时空中不同排列，四种不同核酸构成了20多种氨基酸，这20多种氨基酸构成了全部的蛋白质，决定了生物的多样性，包括高级动物的人。

（5）系统的演化是多层次的过程。

（6）在价值观上，不要求每个要素都优化，只要求系统整体的优化。在一定条件下，优化只能是相对的，如飞机、汽车、机器的总体设计的优化要求。

系统辩证的方法：

（1）系统的综合方法。

（2）系统的自组织方法。

（3）系统的整体方法。

（4）系统的结构方法。

（5）系统的协同方法。

（6）系统的层次方法。

（7）系统的分析方法。

（8）系统的工程方法。它属于一种组织管理的方法（或技术），如优选法、统筹法、排队论、对策论、工程经济、综合集成、计算机模拟、搜索论，等等。主要程序是：选择目标、系统综合、系统分析、方案优化、确定最佳方案、执行方案，还包括总体规划设计、系统建模与仿真等。这些方法适应于宏微观管理、社会系统的各个子系统。

4. 20 世纪 80 年代改革开放的发展观

邓小平同志提出“一个中心，两个基本点”的思想原则。改革开放以来，我们也一直试图寻找改革的“主要矛盾”、“突破口”，试图通过“单项突破”而走出旧体制、建立新体制，沿用的仍然是传统思想方法。这类方法往往使我们陷入顾此失彼、捉襟见肘、“按下葫芦浮起瓢”的被动境地。导致工作中以 GDP 为中心，也就是以项目为中心，市长就成为了“项目办主任”。经济发展以三高（高投入、高能耗、高污染）、两低（低质量、低效益）为特点，而忽视了以人为本的社会与环境全面协调发展，出现了“任务经济”、“任期经济”、“标志工程”，等等。

问题的全部症结在于：不是我们不努力，而是我们用的思想和工作方法已不太起作用。我们所面对的世界，是一个整体性的处于系统联系和系统运动的世界。我们面对的经济工作、改革工作都是一个个系统工程，其中涉及的各部门、各方面、各项工作，都是有机联系、相互制约的，都是整个链条上的环节；每一方面都与其他方面相互影响，各个环节都十分重要，因此，我们抓经济、搞改革的思想方法和工作方法应当是系统方法、整体方法。其他方法应服务于和服从于系统的整体需要，有助于实现和保证系统的整体平衡，应围绕和配合系统方法而有的放矢地使用。

万里讲："直到今天，领导人凭经验拍脑袋决策的做法仍然司空见惯，畅通无阻。""'文革'十年的决策失误，更是误国殃民，祸及子孙。""这种盲目拍板、轻率决策的情况，现在到了非改不可的时候了。"①

5. 21世纪的发展观：以人为本，全面、协调、可持续发展

（1）形成背景：

国民经济增长、科技投入、城乡居民收入等方面存在不均衡。

——2003年估算，我国钢材消耗占世界的1/4，水泥占1/2，煤占30%，发电量占13%，但GDP总量还不到世界的1/30。投资量40%以上，对GDP的贡献已经达到70%左右，全国开发区闲置土地约占43%。

——2003年，城镇居民与农民的收入之比为3.2∶1，而世界平均比例是1.5∶1。

——我国科研经费只有美国的4.7%，日本的8.9%，但MODIS卫星接收系统，在美国仅有16套，但北京已有8套，订购的还有17套，英、法、德国却只有一套。

（2）协调、统筹的内容：

——城乡统筹、区域统筹、经济社会统筹、人与自然统筹、国

① 《万里在全国软科学研究工作座谈会上的讲话》，《人民日报》1986年8月15日。

内发展与对外开放统筹。

——更重要的统筹还包括：政治、思想、文化与经济的统筹，社会与生态系统的统筹，“以人为本”的小康水平与人的素质全面发展的统筹。

——党委与政府的协调，党委与企业的协调，中央与地方的协调，多数民族与少数民族的统筹，信息化与城市化、工业化相统筹，全社会的各行各业的法规、制度的统筹——改革的整体推进与各项改革政策的协调。这个多方面的协调与统筹是系统的协调，是统筹的系统化、制度化与法制化。

（3）可持续的发展：

1962 年，美国生物学家卡逊发表了《寂静的春天》，指出工业社会对环境破坏的危机。

1972 年，联合国发表了《人类环境宣言》，指出我们只有一个地球。

1987 年，世界环境与发展委员会发表了《我们共同的未来》，说明了可持续发展的含义与实现途径。

1996 年，美国生态经济学家赫尔曼 · E. 戴尔在《超越增长——可持续发展与经济学》中明确给可持续发展下了定义，他说：“可持续发展是经济规模增长没有超越生态环境承载能力的发展”，“不要损坏环境承载能力——它意味着可持续发展”，并且他还首先提出：“经济是环境的子系统”，被称为“哥白尼式革命的最卓越的倡导者”、“当代最有远见思想家之一”。

2002 年联合国可持续发展大会通过了《可持续发展执行计划》等等，确定了可持续发展是人类共同的行动纲领。

经济发展的具体模式有：

①传统模式：资源——产品——污染排放（线形模式）。

②末端治理模式：资源——产品——污染——治理（先污染后治理）。

③循环经济模式：资源——产品——再生资源。

（4）以人为本——从“政治人”到“经济人”再到“全面发展的人”：

从“文化大革命”中的“政治人”到改革开放初期的“经济人”；再到现在的“人的全面发展”，核心是尊重保障人权，包括政治的、经济的和文化的权利，这就是马克思讲的人不依赖于物，也不依赖于人的自由人的目标，也就是“每个人的自由发展是一切人的自由发展的条件”的自由人的“联合体”。1994 年开罗国际人发大会提出“可持续发展问题的中心是人”，“促进人与自然的和谐，实现人的全面发展已成为人类的共识”。

“人的全面发展”，它是人与人之间的和谐、平等、共同繁荣、进步，是人与自然的协调进化，而人与人的和谐是可持续发展的核心和关键。以人为本，全面、协调、可持续发展的发展观就是系统观，就是系统范式。

世界经济秩序走向系统范式

一、思维范式的转换

20 世纪 60 年代，美国著名哲学家、科学史家托马斯·库恩提出了一个引人注目的概念：范式。所谓范式是指某一科学家集团在某一学科所具有的共同信念，这种信念规定了他们共同的基本理论、基本观点和基本方法，为他们提供了共同的理论模型和解决问题的框架，从而形成学科的一种传统并为该学科的科学家规定了努力的方向。可以更加广义地把范式看作是某个时代人类共有的对事物的见解、思维方法及思维框架的总称。库恩认为，理论不是在相同的思维框架内连续地发展的，而是在不断改变思维框架的前提下向前发展的。思维框架随时代的变迁而不断转变的状况，库恩称为范式转换（或转变、演变）。用库恩的范式观念考察自 16 世纪以来人类的认识活动，不难发现，400 多年来我们的思维几乎被一种力量统治着：笛卡尔和培根所开创的“分析”的范式（也即哲学上的所谓分析传统)。

分析范式的基本假定是:(1)所有的事物可以分解还原成要素,并且要素可能由其他事物替换。这是一种还原论的观点。(2)要素之间只存在简单的线性关系,将所有的要素加到一起,便得到事物质的整体。因此,可以割裂相互联系来研究要素。(3)可以把要素的性质和规律加起来推导出总体的性质和以简单性著称的规律。换言之,解决了各个要素的问题,就相当于解决了整体问题。(4)事物及要素服从机械因果律和单一决定论,即一个原因必然决定一个结果。以此类推,事物之间存在一条直线因果链。(5)事物及要素的运动过程是可逆的,不存在时间之矢,因此事物不存在进化发展。(6)在价值观上,认为要素好,整体一定就好。

重塑世界经济秩序:走向系统范式和谐社会与系统范式分析范式在人类认识史上具有革命性的意义。以分析作为逻辑思维起点的科学方法论,是现代科学技术进步和社会发展的根本思维范式。在哲学上,分析范式不仅造就了至少在19世纪中叶以前全面统治人们头脑的机械论,而且时至今日它仍是一种主流的哲学传统。在自然科学方面,它是全部经典理论的基石。在生产方面,它不但引发了成为现代社会基础的“工业革命”,也导致了专业化、分工协作和流水线生产。在管理方面,它的典型代表是“泰勒制”:通过将生产过程进行细分化来排除所有的浪费,促进科学的合理化管理。在经济学上,它成就了亚当·斯密以来的市场主义:在经济过程中,通过市场的自我调节力量达到均衡,即通过自然价格机制实现需求和供给平衡,等等。

20世纪以来,分析范式开始受到相对论、量子力学等方方面面的挑战。特别是自 40—50 年代以来，随着以系统论、控制论、信息论、自组织理论、复杂性科学等为代表的系统科学理论的发展，一场范式转换的革命正在发生，这就是全新的系统范式开始逐步取代分析范式。

系统范式的基本假定是：（1）世界上任何事物都是由内在要素（层次）构成的系统。系统的“整体大于部分之和”，即整体产生出其要素在孤立时所没有的新质（这种性质称为“突现”）。因此，不能再用在孤立态时的性质和规律来解释系统整体的性质和规律，即还原论是不可取的。（2）要素之间存在着复杂的非线性关系，整体结构具有复杂性。认识整体不仅应立足于认识要素，更重要的是应立足于认识要素之间的关系。（3）更大系统服从要素之间以及要素与环境之间相互作用的规律。正是系统内、外存在复杂的相互关系，决定了系统自组织地生存和发展。（4）系统是进化的，它必然有一个产生、发展和消亡的历史，这是不可逆的。（5）在价值取向上，以系统整体功能的最优化作为最高目标，以此作为评价要素及其运行方式合理性的标准。

总之，系统范式为我们认识问题和解决问题提供了一种与传统的分析范式大相径庭的全新的思路和方法。

二、现存的世界经济秩序

邓小平曾说过：“世界上现在有两件事情要同时做，一个是建立国际政治新秩序，一个是建立国际经济新秩序。”

就世界经济秩序而言，根据邓小平的观点，我们可以明确两点：第一，有一种国际经济秩序是现存的；第二，这种现存秩序是过时的，必须用一种全新的秩序取而代之。那么，现存的国际经济秩序是怎样的呢？它在何种程度上是合理的，又在何种程度上是不合理的呢？我们如何评价它？我认为，至少可以从以下七个方面审视现存的国际经济秩序。

1. 一体化

“世界经济一体化”、“全球经济一体化”、“国际经济一体化”等，在眼下的世界经济学科的论著中是出现频度很高并颇为时髦的术语。许多人相信，最近十多年来全球资源控制、全球市场开拓、全球经营竞争，使国与国之间的经济关系正逐步走向互相渗透、横向联合、广泛合作、利益共享的新阶段，成为你中有我，我中有你的统一整体。但这种关于一体化的判断显然过于乐观。

客观评价所谓的“一体化”，必须看到：

第一，如果一体化是指世界上所有国家在经济交往中都放弃主权而融为一体，那么，这种情形过去不曾有，将来很长的时间内也不会有。在现存的国际秩序中，发展中国家和发达国家的相互依赖并不是对称的、平等的，因此，其中有共同利益，但更多的是利害冲突。能否相互合作而成为一体，还要看具体条件，包括协商和竞争的结果。

第二，如果在国际开放性的意义上理解一体化，那么，一体化的图景是真实的。从任何方面看，在现阶段闭关锁国都是过时的和行不通的。

第三，如果在统一的世界市场的意义上理解一体化，那么，一体化的图景也大致是真实的。不但存在着世界性的商品市场，也存在着世界性的生产要素市场，不过这个统一市场是很粗放的，很不规范，很不完善。

第四，跨国公司并不是通向一体化的理想载体或者说环节。首先，跨国公司的行为是按照全球资源最佳配置和追求利润最大化的原则来进行的，这有可能在更大范围内导致生产的集中与垄断，从而与市场经济的原则相悖。其次，某些跨国公司往往追求短期行为。如利用转移价格的手段转移利润，野蛮掠夺资源和转嫁污染（极端的一个例子是向他国倾倒核废料）等。再次，跨国公司可能会侵害到民族国家的主权。

2. 非均衡

我们传统的观念认为：经济政治发展不平衡是资本主义的重要规律。事实上，二战以来 40 多年的历史表明，不仅资本主义，而且整个世界经济的发展是非均衡的。突出表现是：

第一，美国经济的衰落。冷战后硕果仅存的美国并未实现经济上的一国独霸，它在世界经济中的主宰地位已是明日黄花。二战后，美国在全球经济活动中所占份额在 40%—50%之间，到 20 世纪 90 年代下降为 20%—30%左右。尽管如此，美国仍是当今世界头号经济巨人。

第二，西欧经济长期滞后。20 世纪 70 年代以来西欧的经济滞胀余波至今未消，整个欧共体现在全球经济活动中所占份额仅在 20%上下。

第三，独联体在低谷徘徊。曾是世界第一的苏联，从 70 年代始经济就全面滑坡，解体后更是大伤元气，至今未见恢复。

第四，亚洲和东南亚经济异军突起。日本创造了二战以来经济发展的一个奇迹，现已雄踞世界第二，但从 90 年代开始至今，经济处于低迷状态。70—80 年代以来，“四小龙”、东盟和中国的经济发展更是格外引人注目。有充分理由认为，世界新的经济增长中心已转移到东亚。

就总体表现而言，当今世界经济非均衡发展的一个基本事实是：南北差距拉大，马太效应加剧。80 年代以来，由发展中国家组成的第三世界（即南方）经济状况普遍恶化，在全球经济事务中的地位日益下降，与发达国家的两极分化日渐加剧。第三世界内部也存在两极分化：一端出现一些新型工业化国家，另一端却留下 40 多个最落后国家。当前的世界经济发展是极不均衡，也是极不合理和极不公正的。

3. 多极化

多极化是非均衡的必然结果。由一两个超级大国主宰世界经济的时代已成为过去，一个多极化的世界已经来临。美、日、欧共体是公认的当今世界经济的三极，也应该把中国、东盟看作第四极，把未来的印度、巴西看作第五极、第六极。每极又力图把周边的国家吸引过来，加强相互之间的经济关系，甚至组成某种一体化经济集团，从而加强自己的地位。当今世界经济的区域化和贸易的集团化正是这种趋势的一种反映。

世界经济的区域化和贸易的集团化，从本质上讲，是发达资本主义国家争夺世界市场和资源的一种安排，是对其势力范围的重新划定。其消极后果是：（1）使南北经济差距进一步扩大（这和非均衡形成恶性循环），使发展中国家与发达国家相互依赖的不对称性更加突出，也加速了发展中国家的分化，使南南合作的分裂加速。（2）发展中国家更加“边缘化”。（3）虽然区域和集团内部的相关性加强，但对外则表现出明显的排他性，而后者与世界经济的一体化目标不尽统一。（4）虽然集团以经济总量的增长推动世界经济总量增长，但增长的内外不是平衡的。这其中潜伏着隐患和危机。

4. 市场经济

随着中国实行市场经济体制，世界上除了几个微不足道的例外，市场经济在现存的世界经济秩序里取得了全面的支配地位。

市场经济的胜利被认为是建立在计划（审批）经济的失败的基础之上的。计划（审批）经济有两个最基本的预设：一是全息性预设，即政府能够掌握一个国家全部的经济活动以及与之有关的其他领域活动的信息；二是共益性预设，即由政府代表的国家、集体（单位、企业、社区）、个人三者利益完全一致，没有冲突。但显然，这两个预设有致命的缺陷。只有全知全能、无所欲求的上帝才能做到这两点，而上帝是不存在的。

但市场就是资源配置的最佳机制吗？无论是亚当·斯密为代表的古典经济学派、新古典学派马歇尔的局部均衡论、以瓦尔拉为代表的数理学派的一般均衡论，还是非瓦尔拉学派的理论，都主张市场有自动均衡的功能，或至少是趋于稳定的、可有效调控的。这样，市场就被认为是资源配置的最佳机制。然而，市场本身是有内在缺陷的，“市场失灵”或“市场失效”是经常发生的。因此可以肯定地说，市场经济不是一种最有效的方法。

人们期望用计划来弥补市场的不足，但在操作上，却游荡于计划与市场“非此即彼”的两极之间——市场的“全面胜利”就是明证。就是说，在现存的世界经济秩序中，我们尚未找到一种最有效的方式连接计划与市场，使两者结合起来。

5. 微观经济与宏观经济存在鸿沟

自凯恩斯革命以后，人们认为，在一个国家的经济生活中，微观与宏观之间的鸿沟已被填平。这种说法本身不仅过于乐观，也与事实不符。比如 1987 年的“黑色星期一”（股票暴跌），1995 年的墨西哥比索危机，就暴露出这方面的问题。而且随着世界经济一体化、地区经济区域化和贸易集团化，所谓宏观被认为可能超越于一个国家、一个地区，同样地认为微观的内涵亦大大丰富了，超越了过去的微观。而当前实际情况是，政治上民族国家分立的局面，与经济一体化的目标是不一致的，并且政治目标不会让位于经济目标。这样，如果把典型的跨国公司作为微观经济单位，那么，它们不可能在区域甚至全球范围内受到真正意义上的宏观调控。统一的大市场正在形成并正在完善，也还没有建立在其上的“中央集权式”的统一的调控体系。在世界经济活动中，微观与宏观之间存在鸿沟，这显然制约着经济发展的稳定性、主动性和有效性。

6. 经济的政治化和政治的经济化

经济、政治、文化作为社会整体系统的三个要素（或子系统），彼此的关联在当今已是无须争论的事实。经济活动被赋予政治意图和政治目的，用政治手段实现经济目的，被认为是天经地义的，经济受挫、政治出马，政治搭台、经济唱戏，已是司空见惯。1991 年美国在伊拉克的“沙漠风暴”行动的终极原因也许应追溯到石油价格上面。有一类例子是用附加政治条件的经济技术手段（如经济技术合作、援助等）在他国扶持敌对势力，培植代理、买办以及进行意识形态渗透等活动。这方面一些跨国公司做得还要过分些——它不但向他国输入商品，也输入意识形态和价值观；不但争夺别人的市场，也占领别人的意志。这就是当前为一些学者所警觉的文化殖民主义浪潮。

更大的问题还在于，政治一旦和经济结合起来，会产生无比巨大的威力，而这种威力不是弱化而是强化了世界现存经济秩序的不合理性；加剧两极分化，使民族国家之间的矛盾更加激化。

7. 世界三大经济组织苍白无力

世界贸易组织、国际货币基金组织、世界银行作为全球经济三大组织，在调节和维护世界经济秩序方面或多或少地起着一些作用，总的来看差强人意。首先是它们受制于章程，只为其成员国服务。其次是尽管它们也追求公正和平等的目标，但由于不可能顾及到不同国家历史、发展状况的差异性，从而客观上也不能在各成员国之间创造一种平等的竞争环境。关贸总协定旨在成员国中提供一种经济贸易普遍的行为准则，但由于缺乏具有强制力的仲裁机构，该协定对100多个缔约国的约束力是有限的。贸易自由化，常被各国之间此起彼伏的贸易战所打乱。该协定实际上充当着双重角色：既是国际贸易的一个协调机构，又是工业发达国家间争夺利益的一个斗争场所。国际货币基金组织、世界银行的情形，亦大抵如此，他们的作用需要大大改善。

综观现存世界经济秩序，可以看出，它在很大程度上是囿于分析范式的框架里的：

第一，在我们的视野里，是一个个的民族国家，它们只是个别，是要素，尽管也存在彼此关联，但还没有一种力量把它们真正凝结成一个统一整体。它们在动机上是自利的，在行为上是各自为政的。如果说合作毕竟是真实的，那也是为了自利，至多是为了互利，还看不到它们是为了某种共同的整体利益。一体化为我们带来了一些新东西，但不如我们期待的多。如上所述，一体化还不是一种整体化，还有很长的路要走。

第二，斯密式的功利主义普遍盛行，每个国家都认为自我发展了，就可以为世界整体发展作出贡献，但在现实中往往被证明是一种神话。

第三，我们缺乏一种整体进化（发展）的观念，我们应学会对别国的发展负责，对全球整体负责。

第四，自利使各个国家之间的发展极不均衡，两极分化和"马太效应"抵消着人类文明进步的整体效果。现存秩序造就了少数富国和多数穷国，也同时蕴含了这种秩序最终走向崩溃的内在因素。

第五，既然民族国家在短期内不可能消亡是事实，那么，世界经济整体的内在要素完全均衡、齐头并进式地发展是不可能的，"极"的出现在所难免。从世界经济系统整体看，三极或五极取代一极或二极固然是好事，但我们尚不能知足，我们需要更多的"极"。

第六，在计划与市场、宏观与微观、一体化与非一体化的问题上，"非此即彼"的两极思维还在很大程度上统治着我们。两极思维不过是单一因果决定论（机械决定论）和简单性观念的变体而已，它妨碍着我们认识事物整体内在复杂性，特别是非线性相互关系和偶然性机制等。我们还没有在计划与市场之间、宏观与微观之间，找到一种系统的联结关系，以便把它们更加有机地结合起来。

因此建立一种新的系统经济学，十分必要。

第七，政治、经济、文化是社会整体系统的子系统，虽密切相关，但各自的目标、操作手段和遵从规则是大相径庭的，彼此之间不具有规律上的可还原性和存在上的互相替代性（分析范式认为要素可由其他事物替换）。现存秩序中把政治、经济合二而一应用在强权政治上是非常不正常的。

第八，仅仅靠三个主要的、但有效性极为有限的国际经济组织去维护现存秩序，显然忽视了世界经济系统内在结构和关系的复杂性。

当然，应当看到，现存秩序有其客观、历史的原因，这不仅仅是某种思维范式的产物，而且因为世界经济系统毕竟不是一个纯粹自然的系统，其中有很大的人为因素，正是人的自主性在系统的自组织过程中起着至关重要的作用。而这也正是我们有所作为的地方：通过范式转换，人类在客观规律许可的范围内自主地调整世界经济系统的内在结构，从而创造出一种全新的秩序来。

三、建立国际经济的新秩序

新秩序是建立在范式转换基础之上的：从分析范式走向系统范式。新秩序应是对现存秩序的超越，而不是全盘否定，它应当吸收现存秩序的合理内核而摒弃那些不合理成分。一言以蔽之，它是现存秩序进化的产物。新秩序的轮廓可以勾勒为：

1. 整体观

二战后地缘政治经济学尽管有许多不尽如人意的地方，但为我们提供了一个最重要的东西：全球观念。约翰·奈斯比特在《影响我们未来生活的十大趋势》一书中也指出，对于当代世界经济，我们必须明确两点：一是过去的时代已经结束；二是我们正生活在一个相互依存的世界上。在判断当今世界各国经济的相互关联性和依存性这一点上，几乎无例外地我们可以达成共识，甚至也可以同意诸如“全球村”、“地球村”这样一些形象化的说法。但我们显然不会满足于现存的一体化，而向往一种更加进步的整体化。其特征是：

第一，整体性。为了适应现代科技的发展和现代化生产力的发展，民族国家之间经济的依赖性和互补性应进一步强化，但形成具有某种超意识形态、超社会制度、超发展水平性质的全球市场及其经济是很不现实的。并且，由于民族国家仍将长期存在，因此期望各国放弃主权而在经济上融为完全的一体，仍是不现实的。整体是由协调和合作维系的，其中竞争是不可避免的。

第二，共同利益。在新秩序中，民族国家应放弃狭隘的自利行为，而应把自己看作是全球整体经济的一个有机组成部分，追求全球共同的整体利益。

第三，全方位的开放。苏联失败的一个重要原因是自我封闭。今日之世界，国家主动自我封闭的例子已十分罕见，但借助某方面原因的强加封闭却司空见惯，如在贸易保护、制裁等冠冕堂皇的口号下的封闭，这是新秩序所不能容忍的，它应当保证外向型经济的顺利发展。

第四，整体经济管理，包括对全球所有经济事务的管理。最重要的例如对跨国公司的管理。跨国公司目前通过资本、原材料、劳动力、技术、信息、商品的跨国流动，把各个民族国家都编织在相互依赖和关联的网络中，但它是跨国流动的制造者和操纵者，而不是管理者。它根据逐利原则追求自身利益，而不顾及全球利益。新秩序应当能改变这种状况，特别是应能提供一种全球经济活动的有强制力的自我约束机制。

2. 均衡观

在当今这个全球相互依赖的世界上，更为均衡的经济秩序，将使所有的国家受益。当代有 2/3 的人生活在低发展或越来越落后的国家里，有 1/4 的人营养不良和失业。在这种情况下，整个经济系统是岌岌可危的。更为均衡的秩序致力于弱化两极分化以及由此引起的冲突和矛盾，致力于资源分配、资金流动、市场分割和利益共享方面促成南北之间、东西之间的更加公平和合理。当今发达国家对资源与商品的占有和消耗的人均数，往往是发展中国家人均数的数倍乃至数十倍。如在石油、煤、电、水、粮食、营养品、医药品、日用品等方面，莫不如此。当然，均衡并不是平均。为了保持新秩序的内在活力和进化的动力，还必须容许整体内在要素之间的差异性，以形成一种激励机制。但这里问题的核心在于，新秩序必须为各国提供一种机会均等的、公平合理的竞争规则。

3. 多极观

由于民族国家之间政治隔阂是不可能在短期内消除的，因此经济上也不可能营造一种全球各国兄弟姐妹大团结式的家庭式的氛围。现实的道路是增加区域合作，发展地缘的或其他现实有效形式的合作经济。合作经济的目标是使经济单位的设置，同自然资源和人力资源等的分布状况相适应和匹配，使之既能内在地相对自主和相对独立，又在全球层次上相互协调，用互利的纽带使彼此联系起来。这是一种多极化的格局，它由两种机制维持：一是若干国家在区域内的协作（这形成一个“极”）；二是所有的“极”在全球范围内的协作。多极化把世界从充满经济和政治冲突的竞技场变成一个既保持分化，又增强了集体内在凝聚力的、更加安全的社会。需要指出，现存美、日、欧共体三“极”在实践上被证明还不能构成我们所期望的新秩序，需要更多的“极”，直到它们共同促成全球经济的均衡发展。显然，“极”不是越多越好，而要有一个客观的限度。

4. 进化观

进化观即确立一种全新的发展观念。这里，发展并不仅仅简单指人均国民生产总值、就业状况和国民收入这样的古典经济指标描绘出的简单图景，也应包括像生活质量、国民健康、文明道德、生活环境基本需要和社会需要这样一些混沌、复杂的因素。发展主要不是指量的增加，而是指质的进化，即使世界经济系统内在结构更具有复杂性和组织化程度更高（更加有序），使系统在动态变化中具有更强的稳定性和生命力，使整体的功能更加优化。就是说，新发展观把我们带入一个更加文明、安宁和幸福的美好的世界里。新秩序之进化观的三个层次是：

第一，在最高层次上，是把经济目标和政治、文化等人类的其他目标统一起来，实现人类文明整体的进步（即人文进化）。经济上的效率必须和政治上的民主公正、文化上的多元自由相和谐而不是相冲突。人文进化旨在实现人的物质世界和精神世界的全面发展。

第二，在中介的层次上，使经济目标和生态保护统一起来，为人类创造一个安全可靠的自然生存空间。20 世纪 70 年代，技术悲观主义者、罗马俱乐部的成员们在其名著《增长的极限》一书里提出的“全球模型”表明：如果目前世界人口、工业化、污染、粮食生产和资源消耗的增长趋势继续保持不变，那么在 21 世纪的某个时候就会达到地球所能承受的增长的极限。这样，最可能出现的后果是人口同工业能力出现相当突然和不可控制的衰退。即使有些危言耸听，罗马俱乐部的成员们事实上不失时机地为我们敲了一次警钟。环境保护已成为全世界有识之士所达成的共识。而新秩序应当是可持续发展战略的体现。目下时常可以听到发达国家对发展中国家在环境保护方面的指责，殊不知，如果说地球的生态已相当恶化，那最主要的责任者不是别人，正是发达国家自己。毫无疑问，工业化国家消耗着世界资源的绝大部分，也排放着相应数量的废水、废气以及其他废弃物。当然，对于大多数发展中国家来说，他们也应在环境保护方面更加检点自己的行为。

第三，在最低的层次上，才是纯经济的增长，主要是物质的极大丰富。工业化国家在这一点上是领先的。问题是，就世界整体而言，贫穷、饥饿十分普遍，如在非洲的大多数国家、亚洲的一些国家和中美洲的多数国家里。在世界范围内摆脱贫困、消除饥饿是新秩序的基本目标。落后国家自己对此目标负主要责任，发达国家的救助亦是责无旁贷的。

5. 市场与计划、微观与宏观的融合

新秩序放弃市场经济的一统天下，而给计划经济留下一席之地。应当确立一种行之有效的机制，使两者有机地融合起来，而非简单相加。如前所述，计划和市场都不是完备的体制。随着认识的深入和技术手段的进步，人类必将提高计划的有效性，以补偿“市场失效”。新秩序是更加有序的和自组织的，人的自主性因素所起的作用将增加，这意味着在科学意义上的计划体制在某种程度上的（而不是完全的）复活，或许说正是系统经济学创立之时。

同时，宏观与微观在延伸着内涵和外延的基础上，走向新的融合。宏观不仅是指民族国家的层次，而应拓展到跨国的区域乃至全球。当然由于民族国家的局限，新的宏观层次不能像一个国家内部

那样通过中央集权式的权力驱动而发挥作用，只能通过彼此利益制约和相互权力认同来保证，如通过国际公法、国际合作法律、国际惯例以及强有力的国际协调组织来达到目的。新的宏观层次致力于资源利用（甚至包括公海深海开发、外太空开发等）、环境、人口、粮食等人类整体目标。微观层次也将是跨越国界的（如跨国公司），并且它的目标必须和宏观目标相和谐统一，必须受到宏观目标的制约，而不能根据逐利原则为所欲为，这就是新秩序中宏观与微观融合的新图景。问题的关键是在新秩序和民族国家主权之间找到一种平衡，即既不放弃新秩序的整体目标，又不在具体操作中过分伤害到各国主权。

6. 新政治经济观

经济与政治这两个子系统（当然，还有文化这个子系统）以何种关系联结，是新秩序能否建立的关键。如前所述，相互替代和完全的一体化无疑是不可取的。新政治经济观的要点是：

第一，正确处理国家权力和财富的关系。国家权力是财富的保障，没有国家权力，就谈不上维持国家主权，也无法保证整个社会的稳定。但是，绝不能用权力来谋取财富，而只能在自由的市场交换中互惠互利，增进财富。军国主义、霸权主义、强权政治以及其他滥用权力的做法是为新秩序所唾弃的。

第二，增加国家间信息交流的对称性和公开性。这是克服世界市场失效和合作失败的关键环节。各国应以诚相待，互相尊重，互相了解，信守协议，这样可以大大减少政治经济市场中的交易成本，促进合作。

第三，建立一种谈判政治机制。新秩序的权力结构是建立在相互认同而非相互强制的基础之上的，因此，不存在单向的权力役使，而只存在多向的权力交换。一切都是谈判的结果。任何国家如果说有什么承诺和义务的话，那也不是针对某个或某些国家，而是针对全球整体利益。

我们生活在一个充满了差异和冲突的世界上，但我们又的确生活在一个高度相互依存的时代。虽然说民族国家及其自利性将长期存在，但世界各国都正面对着一个一个独自难以解决的共同难题，都面对着作为整体的人类文明发展问题。因此，我们不得不需要一种秩序，使各国能安全生存并发展。各种文明的冲突时时存在，但不会像亨廷顿所断言的那样，会最终危及整个人类文明。不然，世界经济新秩序又从何谈起呢？世界一定是美好的，新秩序一定会保证实现它！

在全国马克思主义的系统思想研讨会闭幕式上的讲话*

这次研讨会，我认为开得很好。大家提出了各种不同意见、不同看法、不同建议。无论是正确的或不正确的，题内的、题外的，都得到了同志们的欢迎，对哲学界同仁不同观点的学术探讨，也是大有益处的。尤其是我，非常感激、感谢同志们对系统辩证这种理论体系的评价、支持和关怀。

下面我着重谈几个观点。

第一个观点，是整体观点。

这是我在最近出版的《整体管理论》中阐述的一个观点。我要再次重申，1990 年 12 月 31 日《人民日报》发表的钱学森同志的文章《要从整体上考虑并解决问题》中谈到的观点。他指出："毛泽东思想的核心部分就是从整体上来认识问题"。这种思想，我认为是非常重要的思想，也是非常正确的思想。如果说毛泽东思

---

* 发表于 1992 年 8 月 22 日在秦皇岛召开的全国马克思主义的系统思想研讨会闭幕式上。

想的核心部分是整体思想，是系统思想。那么，马克思列宁主义的核心部分也是整体思想、也是系统思想。我在这部《整体管理论》中体现了钱老的观点，我的想法和钱老的思想是完全一致的。我坚定地认为，马克思列宁主义的最根本的部位是系统思想、整体思想。

什么是系统思想、整体思想？它就是系统辩证的、系统协调优化的、系统结构与系统层次的体系。它既是价值论，也是本体论，也是认识论，这点是毫无疑问的。我觉得很可惜、很遗憾的地方，就在于中国的传统思维没有在近代、近几十年里发扬光大为理论体系而存在。中医为什么能治病？这些东西都是系统功能放大的结果。在经济学上，叫做加速—乘数原理；在哲学上说，是结构优化、整体效益的结果，是功能转化的结果，是层次转化的结果。这个思想应该反复地讲。中国传统思维与当代系统理论，包括控制论、信息论、耗散结构理论、协同学，当然也包括爱因斯坦的相对论、量子力学等等在内的一系列系统理论，都是一致的，都是一脉相承的思想体系。因此，发扬中华民族光荣悠久的文化传统和接受、理解当代系统思想是完全一致的。发扬中华民族传统思维，也就是发扬光大当代系统思维、整体思维。这一点，对解决当代各种问题，如政治问题、经济问题等都是至关重要的，尤其是解决政治、经济体制改革中的问题。

第二个观点，是实事求是观点。

邓小平同志说，马克思列宁主义最本质的东西是实事求是，这是完全正确的。任何科学技术研究、发明创造、政治工作、经济工作，都离不开实事求是的思想、方法、原则。如果我们研究、解决问题的思想方法不是实事求是的，毫无疑问，就不可能得到预想的成功、效益。如果我们在研究、探讨、运用马列主义、毛泽东思想的时候，搞形而上学，就等于背离了马克思主义最基本的东西——唯物论，那就是，表面上讲的是马列主义的东西，实际上是在削弱、败坏马克思列宁主义的声誉。因为你是搞形式主义、形而上学、唯心主义。我们搞理论工作的，绝不能走那条形而上学、形式主义的道路。我们应该解决当代改革实践中存在的实际问题、热点问题。如果我们不从这方面考虑问题，解决问题的话，那就等于丢掉了我们的职责，我们必须回答、解决当代中国实践中存在的问题，这就是邓小平说的实事求是，也就是唯物论为什么是马克思列宁主义的精髓的原因所在。而绝不能说那个人在口头上说我是宣传马列主义的，就是马列主义者，也不能说我引用了马列主义、毛泽东著作中个别的词句、个别的段落，就代表了马克思列宁主义，历史上从来没有承认过这样的代表者。

钱老说，毛泽东思想的核心是整体思想。既然是整体思想、系统辩证思想，当然与矛盾思想是有差别的。难道因此就说，系统思想就否认了矛盾思想吗？当然不是。大家在讨论中说得好，在一定条件下它们是互补的，是不同层次、不同时空、不同条件、不同范围、不同侧面、不同观察角度的互补问题，这也是实事求是的态度。

第三个观点，是中介观点。

中介问题，为什么长期被我们的哲学家所忽视，尤其被中国的、苏联的教科书所忽视？列宁在《哲学笔记》中提出大量的中介问题。可以说，每种现象、每种事物的变化、发展过程，都有其中介结构存在。为什么长期以来在我们的理论体系中没有反映出这个课题？这是一个值得深思的问题。可以简单形象地说，如果我们把中介概念、中介范畴加在矛盾辩证法里面，那就成为系统辩证法了。其实，马克思、恩格斯、列宁都说得十分清楚，他们都打算建立一个辩证唯物的理论系统。

第四个观点，经济系统就是一个整体结构的观点。

现在经济工作确实存在着一个管理方法、思想方法对与错的问题。我们说它错，也不完全错；我们说它对也不完全对。就是说，方法、思想、考虑问题的出发点的问题。我跟中央领导同志谈过这个观点。如何对待、处理当前经济工作中的问题，用什么观点去处理，用什么观点去研究，用什么观点去决策经济工作中的问题？我认为，必须把经济作为一个整体结构来看待。关于经济是一个整体结构的观点，马克思在《资本论》中讲得十分透彻。为什么我们的政治经济学，包括苏联的政治经济学，把这样重要的理论和重要的观点忽视了，被排斥在政治经济学之外，我感到十分惊讶。经济本来是一个整体结构，有机的整体结构。但长期被我们的经济理论工作者排斥在外，不承认经济是一个整体结构、有机结构。而这个思想，被马克思阐述得相当细致。我们的政治经济学从来没有这个观点。我 1987—1988 年在中央党校学习的时候，发现了这个问题。忽视了这样一个非常重要的思想，是十分可惜的，难道说我们社会主义政治经济学不需要改造、改革吗？不需要构造新的体系吗？

我们常说，社会主义本质是计划经济、按劳分配，是公有制。邓小平同志说，社会主义的本质是共同富裕。社会主义目标是共同富裕，不是少数人富裕，多数人贫困。如果多数人贫困，少数人富裕，岂不成为当代某些资本主义社会了吗？通过什么手段，通过什么管理，通过什么方法，达到共同富裕呢？这就是整体管理、系统管理、系统思想指导的整体管理。用整体思想去指导我们的经济工作，是我们的一项重要任务。通过整体管理、系统管理达到社会主义本质的实现——共同富裕，我们相当多的同志不注意这样的问题。一提到社会主义的本质就是公有制、按劳分配、计划经济。我曾多次讲过，我们传统意义上的计划经济从本质上说是实现不了的。因为我们没有那么高的手段，那么高的程序来实现计划。是不是有那么一天，当地球发展到几百年、几亿年以后，比如说，桌子上的这样一包茶，我都知道十几亿人中有多少需要这种类的茶，而且完全纳入计划？这是不可设想的，从理论上讲是不可能的。而运行的结果，也是没有计划的。从我们国家来讲，“一五”计划还算是一个计划，“二五”、“三五”计划只是个纲要，“六五”、“七五”计划也是年度纲要计划。在编制计划的过程中，同样忽视了经济是一个整体结构的观点，只有数量的概念，而无质和结构的要求。从 1991 年开始，邹家华同志提出编制两年滚动计划。朱镕基同志写了一本书，讲《当代中国经济问题》，说五年计划，实际上没有计划，这说得是客观的。改革计划的编制工作也要树立整体思想，要从质、量、序三个方面来考虑。这个问题题目很大，在这里就不多讲了。

最后一个观点，发展马克思主义是我们共产党人光荣伟大的责任。

我们这次研讨会重点探讨了马克思主义的系统思想，我认为是非常有意义的。江泽民总书记在 1991 年“七一”讲话中指出，改革是一项伟大的系统工程。因此，深入探讨马克思主义的系统思想，对指导我们的现代化建设具有十分重要的意义。如果我们能在这方面有所突破，有所创新，无疑会对理论界和实际工作部门的同志产生重大的影响。

我总感到，长期以来，不论在我国还是苏联、东欧等国，某些人运用马克思主义是僵化的、形式主义的。其结果在理论上导致了社会主义的一成不变的固定模式。在实践上，严重地制约了生产力的发展，导致了社会主义国家经济增长普遍缓慢、效益低下，迫使社会主义国家纷纷进行改革。我认为，最重要的改革，是理论的改革，是马克思主义的发展，如果马克思主义不发展，停滞了，我们的社会主义制度就要削弱、瓦解，就不能战胜资本主义。我国改革开放以来，在理论上取得了一系列突破，逐步形成了有中国特色的社会主义理论，在这种理论指导下，我国社会主义的实践取得了有目共睹的成就，大家是十分清楚的。邓小平同志 1992 年的南方谈话，提出一系列非常重要的观点，如："改革也是解放生产力"；"计划经济不等于社会主义，资本主义也有计划；市场经济不等于资本主义，社会主义也有市场，计划和市场都是经济手段"；等等。这些观点，是马克思主义的最新发展，必将推动我国现代化建设的迅速前进。

我认为，发展马克思主义，是共产党人的天职，不发展马克思主义，就意味着"和平演变"，就要垮台。东欧社会主义各国的剧变、苏联的解体，最根本的原因就是没有发展马克思主义，教训是非常深刻的。我感到，应当大力提倡我们的党员干部，尤其是高、中级干部要带头学习、运用和发展马克思主义，不发展马克思主义，我们改革开放的成果就会被断送。所以，在党内不论职位高低，不论是专家、学者，在发展马克思主义面前都是平等的。邓小平同志在南方讲话中指出，当前要警惕右，但主要是防止“左”。我认为这一观点同样适用于理论界，我们研究马克思主义，首先要从根本上，从传统的、“左”的禁区中解脱出来，思想解放的胆子要再大一点，要敢于提出新的观点，进行理论创新。其次就是要紧密地和实践结合起来，立足于解决当代的、现实的理论问题。这样，我们的理论界才能够充满生气，马克思主义才能得到丰富和发展，我们的社会主义事业才能不断前进。

夺取75%的价值空间*

我们过去的传统理论一直认为，生产是创造价值的，而物流并不创造价值。也就是说生产是主要的，流通、消费是次要的，生产第一，流通、消费第二。因此，我们过去在人、财、物的安排上，也是优先安排生产领域，然后才是流通领域。企业的内部结构上，是产、供、销一条龙，“大而全”、“小而全”现象遍地皆是。

如果真是像我们过去认为的那样，只有生产才能创造价值，那么我们的许多自然资源，如没有开发的土地、森林、矿产、石油等等，它们的价值从何而来呢？那么专利、版权、无人工厂、虚拟经济以及物流业所创造的价值怎么解释呢？其实，我们的观点还停留在340多年前的威廉·配第、220多年前的亚当·斯密和180多年前的大卫·李嘉图时代。传统的劳动价值论的局限性还在于：首先，生产力系统是多元结构的整体，多要素才能创造价值，单一的劳动力要素创造不了价值。其次，在威廉·配第时代，土地已经不是无偿使用的了，社会也不是处于“原始未开化的状态”。再次，

---

* 本文为在“首届中国物流企业家论坛暨2003中国物流（企业）年会”上的致辞。

社会必要劳动时间的不可算性。实际上当代的理论认为物流也是创造价值的。

物流不仅仅创造价值，而且它创造的价值占商品价值的很大部分。著名经济学家罗纳德·科斯提出了产权理论和交易成本的概念，道格拉斯·诺斯进一步把生产的总成本划分为转型成本和交易成本。简单地说，如果一个商品值 100 元，物流环节中可以创造 75 元的价值，生产价值大约只占 25 元左右。而目前中国的问题是转型成本低，交易成本高。我们过去许多年来，这 75%的交易成本没有引起我们的重视。现在，在努力发展制造业，降低转型成本的同时，更要大力发展物流产业，降低交易成本。我们物流业要解决的最重要的课题就是如何挖掘这 75%的价值空间。那么，现阶段我们最少也得争取达到 20%—30%的水平，实际上，我国的物流企业只有 2%左右达到了这个水平。这正是摆在物流工作者面前的重大的实践和理论问题，也是供应链管理中所谓“软三元”的问题。

多年来，由于我国经济理论界受极“左”思想的束缚，直到改革开放前，我国的经济理论仍然停留在几百年前的水平上，除此之外，改革开放初期我们还碰到了其他许多重大的理论问题，因此中央一直强调解放思想、与时俱进。我认为在当今物流业的发展上依然存在着一些认识和理论问题，如何与时俱进、解放思想，过去是我们物流界的重要任务，现在还是一个重要任务。只有解放思想、与时俱进，才能在理论研究和实践运作方面有所创新，赶上发达国家的水平。

当前，我们的物流业或第三方物流、甚至是第四方物流，以及物流管理价值链的发展，应该和当代的系统理论联系在一起。物流业本身就是多元素的构成：平台（配送中心）是一个要素，网络（运输网络）是一个要素，终端（用户消费）是一个要素，它们共同组成了当代物流业。发展现代物流要有系统的思想统领全局，全面地分析各要素的差异，协调各层次、要素间关系，以实现整体优化，即实现整体供应链的系统优化，达到成本最低、服务最好的目标，在优化的管理下实现全球资源最优配置。因此，提高物流业的整体水平，在宏观上要有一个整体设计，做到科学设计、结构优化、布局合理，要建立一个有效的组织体系、有力的反馈系统和一系列配套政策。在微观上必须做到“创新、灵活、高速”。总的说来，我国物流业有巨大的空间供业内人士去开拓、去创造。所以，我衷心地祝愿我国的物流业能够在进入 WTO 之后，发挥出巨大的潜力及能量，为我国的物流业创造一个非常好的前景，夺取 75% 的价值空间。

整体管理论*

整体管理论是以马克思主义系统思想为指导思想，综合吸收了经济学、管理学等社会科学中的系统原理，以社会经济这个大系统的整体管理为研究对象，主要研究社会经济运行中公有制的本质特征与政府有效管理手段的内在联系，揭示社会经济效益乘数—加速发展的内在规律，以及如何通过有效的系统的管理去实现整个社会经济整体效益的最大优化。

整体管理的思想和实践，在人类社会的发展历程中有许许多多光辉的典范。时至今日，科技的进步，其整体性表现得更为突出，如何进行有效的管理，是关系到整个社会主义制度发展的大问题。因此，本文试就具有中国特色的、以公有制为主体的社会主义国民经济管理的本质规律进行系统探讨。

---

* 本文是 1991 年为《整体管理论》一书写的纲要，略有改动。

一、整体管理的产生、理论基础及其在公有制中的决定意义

有了人类社会就有了管理。在人类社会中，人们都在管理和被管理之中，社会中的每个人，一方面进行着管理工作，参与把有限的人力、物力、财力和时间分配到众多的不断增长的社会需求中去；另一方面，人们的具体活动又都从属于更大范围的管理。这种整体管理是从局部到全局，从不自觉到自觉的过程，是人类社会进步的大趋势。整体管理强调组织协调更多的人和机构参与有目的的社会实践活动，以实现整体组织要达到的优化目标，任何个人的管理作用只有融合在整体中才能发挥作用，起到整体管理在现代化管理中应有的作用。

整体管理思想伴随着人类社会的发展经历了一个漫长的发展过程。早在社会生产力极为低下的原始社会就已有了氏族管理和部落管理，这样的管理具有明显的整体性效益。到了奴隶社会和封建社会，人类开始进行有效管理，也就是说，在经济、政治、社会、文化等领域内由国家进行统一管理。后来，被称为“科学管理之父”的美国工程师泰勒及其同时代的先驱者提出了一些“科学管理”的原则和方法。19 世纪 30 年代，罗伯特·欧文开始对企业管理中人的心理需要及其行为进行观察和研究，这样管理理论开始从以前对物的管理发展为对人的管理。第二次世界大战以后，随着科技的

进步和生产力的不断发展，在发达资本主义国家中，又出现了许多新的管理理论学派，每个学派都有自己的整体管理思想。这样，科学管理由管理实践经验上升为管理理论：由一般管理理论演变为社会系统管理理论，再由社会系统管理理论发展为整体管理理论。

党的十三大指出："现代科学技术和现代科学管理，是提高经济效益的决定因素，是使我国经济走向新的成长阶段的重要支柱。"要在一个人口众多的国家里实现四个现代化，就必须建立一整套适合我国国情的现代化管理理论，来指导我们的经济管理工作和管理体制的改革。我国经过40年的社会主义经济建设实践，尤其是改革开放的经验教训，以及对照国外科学管理取得的成果，都迫切地要求我们必须认真研究和确立适合我国社会主义初级阶段实际情况的科学管理理论。

任何一种科学理论的产生都反映着人们对客观系统事物内在规律的认识，都有其产生的历史必然性。整体管理理论的基础是在以公有制为主体的经济基础之上形成的。它包括了横向的生产、分配、交换、消费的运行系统和纵向的宏观、中观、微观等层次的调控系统的管理。

马克思关于经济是一个整体的理论是整体管理的理论基础，他说："我们得到的结论并不是说，生产、分配、交换、消费是同一的东西，而是说，它们构成一个总体的各个环节，一个统一体内部的差别。"① 这句话强调了社会经济运行中的各种要素通过管理的联系，形成了一个有机的系统整体。马克思关于产业资本的三个循

① 《马克思恩格斯文集》第8卷，人民出版社2009年版，第23页。

环形态，即“货币资本——生产资本——商品资本”的循环过程，更清楚地表明经济是一个系统的整体。

在我国建立中国特色社会主义整体管理体系，实现经济管理整体化，必须坚持以公有制为主体，遵循系统整体性原理和经济效益原理。经济效益低，是新中国成立以来经济工作中的根本问题。工业发展速度高，但国民收入和综合经济效益低，需要对经济效益进行整体研究，学会管理的有效性。所谓有效性就是“一个组织达到既定目标的程序”。这个衡量标准，是指在管理中取得的具体效果，而不是看管理人员或职能部门做了多少管理工作。美国管理学家杜拉克在《有效的管理者》一书中指出：“不论职位高低，凡是管理者，就必须力求有效。”我们有些单位，往往投入很多，但成效甚微，原因并不全在于客观方面，而往往是缺乏得力的管理。

整体管理是社会主义本质的要求。社会主义的本质特征是生产资料公有制。过去我们对公有制的理解有简单化的倾向。党的十一届三中全会以后，我们确立了社会主义经济是公有制为主体的多种经济成分并存的原则和实现共同富裕为目标的原则。这是区别于资本主义制度的根本特点之一，也是社会主义制度优越性的具体表现。社会主义是劳动人民当家作主的社会，劳动者之间的利益关系，从根本上说是一致的。社会主义的生产目的，是为逐步满足全体人民日益增长的物质、文化和社会生态环境需要。为达到这一目的，必须加强整体管理。

马克思指出：“生产力特别高的劳动起了自乘的劳动作用”。①

① 《马克思恩格斯文集》第5卷，人民出版社2009年版，第370页。

在技术进步与科学管理的作用下，劳动生产力能以乘数加速的方式增长。这是马克思最早提出有关乘数—加速原理的思想。乘数—加速原理是乘数原理和加速原理综合起来的统称。1917 年美国经济学家克拉克首先提出经济发展的加速原理。1936 年后，人们发现加速原理与凯恩斯的乘数原理相结合后，能够更好地、能动地反映经济运行的整体性效益。于是，1939 年美国经济学家汉森和萨缪尔森把两个原理结合起来，建立了汉森—萨缪尔森模型。乘数—加速原理揭示了整体效益规律，为预测经济发展波动周期提供了方法论，这在经济管理系统中具有普遍意义。所以，我们把乘数—加速原理也作为整体管理理论的基础之一。

在看到物质生产中管理的普遍性的同时，还必须看到管理的另一重要属性，即人类社会生产和管理总是体现着在社会上占统治地位的阶级的意志。在资本主义私有制社会中，劳动者与生产资料被彻底分离，这时管理的本质是驱使劳动者与生产资料相结合，为资本家阶级生产更多的剩余价值。科学有效的管理可使具体的生产过程合理化，产生效益，却不能逾越“社会化大生产与生产资料资本家私人占有”这一资本主义制度固有的基本矛盾。

在社会主义公有制下，全体劳动人民当家作主，真正成为生产资料的主人。这样，在全社会范围内都可以通过劳动者能动地、自主地与生产资料相结合，产生比资本主义更高的生产力。然而这只是一种可能性，也就是说，它的实现还必须通过科学的有效的管理。社会主义公有制为科学管理开辟了广阔的发展领域和前景，这时的科学管理不仅使具体的生产过程和整个社会生产产生更高的效益，而且可以从整体上推进社会主义制度的完善和发展。如果不实行有效的科学管理，就不能有效地完成社会主义物质资料的再生产，也就谈不让社会主义公有制的完善和发展。因此，我们可以说没有现代化的科学管理，也就没有现代化的经济建设。即使有了优越的社会制度，有了先进的生产设备，充其量也只是提供了一种客观的可能性，要使这种可能性成为现实，就要通过科学的管理。没有使生产力要素实现整体优化的科学管理，也就不可能发挥出生产力的巨大作用。这就是说，有效的劳动可以增加财富，巩固社会主义制度，无效的劳动将缩小甚至丧失对生产资料的所有权，减少财富。所以关键是如何管理。正如马克思所说的："劳动=创造他人的所有权，所有权将支配他人的劳动。"① 可见，科学有效的管理在推动物质再生产的同时推进着社会主义公有制的再生产。从这个角度讲，科学有效的管理对巩固和完善社会主义制度具有决定性的意义。

二、整体管理的系统结构：宏观管理、中观管理、微观管理、超级管理

系统结构管理理论是指以社会经济整体与整个社会环境相互关系为出发点，在纵向上按层次进行管理，在横向上分系统管理，在纵向与横向的交错点上进行开放动态管理，以及在层次与层次之

① 《马克思恩格斯全集》第30卷，人民出版社1995年版，第192页。

间、子系统与子系统之间、层次与子系统之间的决策、组织、协调和控制的有机性、相关性、联动性等方面进行系统辩证的研究。结构管理，是宏观管理、中观管理、微观管理以及这些管理层次之间与这些管理层次之外的各种经济要素管理的相互关系、相互作用、相互促进的有机管理结构的综合，是相互运动着的经济管理要素进行物质、能量、信息交换的总体过程。

1. 宏观管理

宏观管理研究国民经济整体上的各种关系，国民经济总体上的结构与生产力总体布局结构、产业结构、行业结构等，以及由此产生的各种总量的分析、综合、研究。宏观管理为国家大战略服务，而国家的大战略又是在宏观管理研究的基础上制定的。这里只概述宏观管理在以下几个层次的基本思想。

（1）规划管理。规划管理是宏观管理的主要职能之一，它是指国家通过对各种经济总量的控制，实现经济结构的最优化，达到国民经济发展所要求的目标而进行的管理。规划管理根据社会主义基本经济规律和经济规划与市场相结合的基本方针，结合国家经济实际情况和资源特点，依据社会需求，有规划地安排国民经济各部门、各生产环节的重大比例关系、发展速度和生产规模，有效地利用人力、财力、物力，以促进国民经济的协调发展。宏观规划管理有战略规划、中长期规划、短期规划三种形式。严格地说，规划管理是属于产业政策管理的重要内容，由于习惯提法，这里把它单列出来。

规划与管理具有同一性，规划本身包含着管理，同时宏观管理也需要规划。改革规划体制，加强规划管理，保持国民经济各重大关系总量平衡、结构合理、速度适宜，使国民经济持续、稳定、协调发展是规划管理的出发点和归宿。为实现这一目标，就必须改革规划体制，加强规划管理工作，强化规划管理职能，以保证规划的可行性、有效性和科学性。同时要建立以国家宏观规划为主要依据的经济——行政——法律手段综合配套的宏观调控体制，特别要健全间接调控机制，以保证规划管理顺利运行。

（2）产业政策管理。产业结构是否合理，关系到资金、劳动力和自然资源能否恰当配置与有效利用，关系到经济、技术、社会能否协调发展，关系到能否尽快缩小与发达国家的差距。

按照国家统计局对我国产业结构的界定，新中国成立以来我国劳动力在三大产业间的分布结构发生了明显变化。第一产业（农业）所占的比例逐步下降，第二产业（工业）和第三产业（工、农业之外的其他各业）比重逐步上升，但与世界先进国家相比，我国的就业结构水平还是相当落后的。第三产业比重太小，只相当于日本 20 世纪初的情况。

改革开放以来，我们多次进行了产业结构的调整，但从国民生产总值的三大产业构成比例看，基本上没有什么大的变化。第二产业比重一直处于优势地位，而第三产业的比重则很低。造成这种结局的原因，关键在于我国的商业服务，尤其是教育和交通运输业一直是制约我国整个社会经济运行的“瓶颈”部门。

从原材料工业、能源工业与机器制造业和最终消费品工业之间的比例关系看，工业内部比例失调的状况进一步加剧，能源、重要原材料的供需矛盾越来越突出。再加上由于经济利益的驱动，许多地区热衷于发展价高利大的行业，因此，地区工业结构高度重合，与发挥资源优势和合理配置相背离。

在引进外资中也存在着结构问题。一是利用外资的格局问题，在加快沿海发展的同时应吸引外商向内地投资。二是利用外资的结构问题，表现为借贷比重偏大，外商直接投资较小以及商业贷款偏大，政府贷款和国际金融组织贷款比重偏小两个方面。三是合作对象问题，表现为港澳地区多，欧美外商少。四是投资项目的类型和规模问题。虽然生产项目占主体，但一般加工工业多，而国家急需的能源、交通、通信、原材料等基础项目偏少，项目的规模水平还不高。尤其是500万美元以下项目审批权限下放，出现了不少一般性加工项目重复引进和盲目设点，加剧了原材料和市场的紧张，也增加了国内配套人民币的压力。

产业结构是一个有机的复杂的整体，它与国民经济有内在的同一性。产业结构、产品结构、企业组织结构的严重不合理，表现为国民经济的增长膨胀与停滞交替的怪圈，因此有效地调整产业结构和消费结构就成为克服经济周期性的大波动和搞好治理整顿的关键，这也是建立宏观调控系统的核心所在。调整产业结构应本着“统筹规划、合理分工、优化互补、协调发展”的原则，把沿海经济——中部经济——内陆经济——边疆经济有机地结合起来，从而形成整体优化的产业结构。

调整结构能否达到合理的标准，归根结底是看能否发挥其整体效益。对国民经济实行整体管理，就要在宏观调控过程中把握住有关的发展比例参量，同时还要依据外部环境和国情变动，对参量进行滚动式的不间断的动态修订，使国民经济计划的比例参量更接近发展的实际。微观产业结构的调整，说到底是每个企业、每个行业对自己产品结构的调整。

结构调整的实质是对社会主义所有制和生产力要素更深刻的改革，它是一件非常复杂的系统工程，要求整体管理，要求追求整体效益和防止急于求成。产业结构的调整要实现双重任务，即产业结构的协调和产业结构的现代化。

（3）财政政策管理。财政是以国家为主体进行的分配。从财政的角度加强对宏观经济管理，就要搞好财政、信贷、外汇、物资大平衡，促进资源的充分利用、协调发展。加强宏观经济管理，首要的就是要加强对财政政策的管理。要改进过去统收统支的财政体制，逐步形成包括财政分层次的结构管理体制。财政分层次结构管理有利于调动中央和地方的积极性，但应注意解决集中与分散的关系。坚持“集而不死，分而不乱，集要适度，分要恰当”的量力而行的原则。坚持这一原则的过程，就是实行宏观整体管理的过程。

价格也是国民经济分配的一个重要渠道。价格调整对财政的影响表现在调整工农业产品比价、消费品价格、生产资料价格对财政的影响。所以说财政在安排收支时一定要考虑价格调整因素的财力需要，价格调整也要考虑财政的负担能力，使财政与价格在财政收支平衡基础上进行改革。价格改革就是要建立合理的价格形成机制和管理机制，国家管理国计民生的重要商品和一部分的劳务价格，其他一般产品和劳务价格由市场调节。

税收也是社会经济管理工作的重要组成部分。税收征收管理工作搞得好坏，直接制约着财政状况。税收征收管理也要体现整体管理的思想。

财政政策管理在国民经济中具有轴心的地位与作用，它与许多经济问题的要素发生质、量、序的关系，处理好这些关系对于国民经济持续、稳定、协调发展具有重要意义。我国财政政策的基本出发点是收支平衡，手段是财政平衡预算。赤字预算有利于国民经济不景气时期，但也有潜在问题。在经济过热时期，绝不能实行赤字预算，而应当采取相反的方法。我们的原则是不利用赤字预算，预算时应略有节余，强化财政预算的调控能力。

社会发展要求经济与社会的综合管理，要求把社会发展中的全部要素协调统一起来，于是综合财政学应运而生。它的内涵是研究一定时期内各类资金的总量，外延是研究整体社会资金。这从一个侧面再次证明了整体管理的必然性，并展示了整体管理的广阔发展前景。

（4）货币政策管理。货币政策管理的目标是调节国民收入与稳定物价水平。货币政策有三种：一是发展性货币政策，即通过增加货币供给量与刺激社会总需求增长的货币政策。它适用于社会总需求与社会生产力极不景气的时期。二是收缩性货币政策，即通过削减货币总量，来降低总需求水平的货币政策。它适用于社会总需求膨胀，经济发展速度过快时期。三是结构性货币政策。我们主张，在经济发展速度失控时期采用货币总量控制，减少货币发行量，提高银行利率，减少贷款，抑制总需求使生产减速，使经济得到均衡发展。这种政策会出现一定时期的市场疲软与生产不景气、流通不畅的现象。在这种情况下，要不失时机地实行发展性货币政策，增加货币发行量，降低利率，增加贷款，刺激总需求，诱发生产发展，使经济的波动幅度不要过大，速度不要过快。在实行结构性货币政策时，要注意运用财政政策、消费政策、税收政策等，形成一个有机的结构政策管理体系，并与行政、经济、法律手段相结合。

2. 中观管理

中观管理是介于宏观与微观管理之间，即介于国民经济整体与各个经济单位之间的管理。它属于各部门和各地区经济的管理，易于进行各区域、各部门的协作，进行经济结构的调整，使生产规模迅速扩大。中观管理作为地区与部门各独立企业与经济单位的有机综合，作为生产力各要素的更大规模的有机管理，主要受微观经济的市场机制、价值规律、地区与部门效益规律的支配，同时又受宏观管理规划机制的支配。中观管理主要是市场管理及与其配套的税收、物价、工商等综合的经济管理，其次包括部门间的协调、调度、行业管理等。

（1）市场管理。市场管理需具备以下特性：自主经营的生产，彼此独立、平等地在市场上进行交换和经营；生产者交换自己商品的等价物，实现商品价值，以价值规律为中心的市场结构，生产者在市场竞争中生存与发展，生产要素在市场中充分流动，市场必然成为竞争的场所；生产者在交易方式上将逐步由货币经济转向信用市场；生产者的交换关系由法律去保障转化为法治市场。

我国市场发育很不完善，急需建立和健全全国的统一市场体系。进一步完善社会主义消费资料的市场管理，扩大生产资料市场的调节机制，不断发展资金市场、技术市场、信息市场、房地产市场和劳务市场，而且要使这些市场成系统、成体系，并有科学可行的市场管理机制。社会主义公有制要求全国形成一个统一的市场管理体制。各地区之间、城乡之间应该相互开放，扫除各种形式的关卡壁垒，改变地区封锁和市场分割的状况，在市场管理中提倡和推行互惠互利、风险共担、扬长避短、共同发展的经济联合与协作，加强市场的组织管理——制度建设——建立竞争规则——健全秩序——完善法制是社会主义市场经济整体管理的需要。

（2）行业管理和部门管理。行业管理和部门管理是指生产同类产品的规模较大，并使生产该种产品过程集中到以专业化的技术装备和专业职工生产时，对这些企业总和所进行的管理。行业管理的首要任务就是对本行业和本部门所拥有的生产力和新增值的生产力进行管理布局。

行业与部门管理的第二项任务，就是搞好基地建设。基地建设应依据某地区经济技术基础在本部门和本行业中所占据的地位和作用，以及国民经济发展需要和市场需要来确定。

行业与部门管理的第三项主要任务，就是搞好结构调整。此外，行业部门管理还有技术进步和行业科学管理等内容。

（3）调度管理。调度管理是指在一定时限和一定区域内，对生产单位的经营活动与经济关系所进行的物质、能量、信息的系统综合调整过程。调度管理根据中观经济发展目标和宏观经济发展对中观经济的要求，针对国民经济运行中所出现的热点问题及“瓶颈”问题，提出方案，当场决策。并指出在下一运行过程中，可能出现的倾向性问题。

调度管理注重经济发展的目标规划性原则，还注重市场需求变化的灵活性、生产过程的相关性，它应当是日常管理的内容。

3. 微观管理——生产力要素流动管理

生产力是个有机系统，是指生产力诸要素即劳动者、劳动手段、劳动对象、科学技术、生产管理、经济信息、现代教育等方面，在物质、能量、信息的交换下，通过管理而形成有机整体。

生产力结构是分层次的：企业生产力、部门与区域生产力、国民经济总体生产力、整体生产力。企业生产力创造微观经济效益，部门与区域生产力创造中观经济效益，国民经济总体生产力创造宏观经济效益。由企业生产力、部门与区域生产力、国民经济总体生产力三者有机结合形成整体生产力，它创造整体经济效益。

生产力结构层次的划分，从横向结构来看，一般是以地域为特点，有的与行政区域一致，有的与跨区协作网一致。从宏观生产力结构看，它包罗整体社会，即全国一盘棋、合理布局、均衡发展。它属于全社会的生产力结构。中观生产力结构包括区域系统和部门系统。区域生产力系统是由资源条件、人员素质、技术装备等各有差异的条件而形成的。部门生产力系统则以国家级经济部门为中心，属于纵向生产力结构管理。部门生产力管理具有生产力布局的重要性，还有部门和区域交叉生产力系统管理。它包括生产力布局管理，横块与纵条相结合的管理，属于一种纵横交错、条块结合的整体管理结构。由上可见，生产力结构是分层次的，层次间又是相互联系的。各要素之间彼此联系，形成结构。

生产力要素系统是按相关的质量、数量、序量组成一定的合理规模，并在时间上关联、空间上配置、结构上耦合而形成的整体。这个要素的整体是流动的、开放的、有机的。在起初条件下的生产力要素分配组合，是以要素增量分配为特征的；起初要素分配经过一段时空过程的运转，会挤出一部分生产力要素，使其处于生产过程之外。这些闲置的生产要素应很快在市场上流动，进行重新组合。这种要素重新组合是通过企业部门间的要素转移来实现，形成新的生产力。目前，我国已有相当数量的闲置存量要素，或低效率存量要素以及不合理要素的存量，这些要素存量为生产要素流动重组提供了前提条件，应使那些闲置无用的生产力要素通过经济、行政和法律的手段，驱使闲置生产力要素走出来，在不同空间设置，不同所有制、不同的经济范围之间变动、移交、重组，使现有生产力要素充分发挥作用，以求整体经济效益。

4. 超级管理

超级管理是指超越一般意义上的宏观经济管理，而又与宏观、中观、微观经济发展有一种根本联系的那部分管理内容。这里我们把经济体制改革和所有制分权管理视为超级管理。

深化经济体制改革，是社会主义制度的自我完善和自我发展。社会主义制度从诞生到成熟，必须要依据生产力的发展不断地对生产关系和上层建筑进行调整和改革。进行经济体制改革就是要消除过去形成的经济体制中管得过多，统得过死，权力过于集中的弊端，建立健全社会主义市场经济体制。与此同时，加强和改善国家对经济的宏观调控，引导市场健康发展，以促进国民经济持续、稳定、协调发展。

党的十一届三中全会以后实行了全民所有制、集体所有制、合作所有制、个体所有制、中外合资经营制、外商独资经营制等不同层次结构的多种所有制形式。在多种形式所有制中，应当坚持生产资料公有制为主体，适当发展其他经济成分，形成适合我国现阶段生产力水平的所有制管理体制。只有从整体上管理好全民与集体所有制这个主体，社会主义制度才能创造出整体效益，也只有整体管理才能充分发挥社会主义的优越性。

三、整体管理的基本规律：基本经济规律、协调放大发展规律、整体效益规律

整体管理是社会主义的本质要求，也是社会主义社会基本规律的集中反映。它包括基本经济规律、协调放大发展规律和整体效益规律等几个基本规律。这几个基本规律是社会主义经济发展过程中，不断被人们所认识、被实践所证实了的经济规律，也是整体管

理论所特有的规律。

1. 基本经济规律

社会主义经济的本质要求整体管理。整体管理的目的和手段，就是社会主义的基本经济规律，亦即整体管理的基本规律。

社会主义作为一个历史发展形态，其根本任务就是发展社会生产力，提高经济效益，提高全社会的整体效益。换言之，就是要提高以经济效益为基础的经济的、政治的、社会的、文化的、环境的整体效益。整体效益是劳动主体依据自身利益需要对物质、文化、环境诸因素效益情况进行的总体评价。它反映着社会主义人与人之间的物质利益关系，标志着劳动主体的社会地位与作用。整体管理就是追求整体效益，两者在形式与内容上具有统一性。整体管理的基本规律的内容是：在不断提高现代管理水平和不断推进科学技术进步的基础上，通过改革开放，使资源合理配置，使生产力要素优化组合，使社会分配达到有效率的公平，促进社会主义经济、政治、文化等方面的持续、稳定、协调发展，逐步满足全体劳动者日益增长的物质、文化、法律和环境的需要。这里，整体管理的目的是不懈地追求整体效益，它具有规律的导向性，所以我们称为“整体管理的基本规律”。整体管理的基本经济规律既有达到目的的原则和手段，又有社会主体自身的需求目的，所以它是原则——手段——目的三者系统辩证、有机的统一，体现了社会主义管理的实质。

整体管理论认为在社会主义的生产过程中，要增加社会产品总量，提高社会劳动生产率是远远优于光靠增加社会劳动者和投资的。而劳动生产率的提高，关键又在于依靠科学技术进步和现代化管理。同时，还要通过改革开放，使资源合理配置、生产力要素优化组合、社会分配达到有效率的公平，并使社会主义生产关系适应生产力的发展，建立起中国特色的充满生机和活力的社会主义市场经济体制，促进社会主义生产力迅速发展，从而实现社会主义经济、政治、文化、社会等方面持续、稳定、协调地发展，更好地实现整体管理的目的。

整体管理的基本规律决定了社会主义的发展方向，它同社会主义生产过程的本质紧密联系，充分体现了公有制基础上生产的目的性。因此，在社会主义的生产过程中，整体管理意味着应用一切科学的经济规律，加强对经济活动的管理。这就要求：

首先，不断完善社会主义市场经济体制，把社会主义基本经济规律同国民经济协调发展规律、整体效益规律、产业进化规律、按劳分配规律等有机地协调起来，实行“以人为本”的全方位管理与调节，加强对整体管理规律的充分认识，自觉运用及全面推行。

其次，合理把握社会需求。一方面鼓励社会需求，依据社会生产状况，逐步提高人民生活水平，以实现社会主义的生产目的；另一方面，调节超过生产发展的消费需求，防止消费基金膨胀，确保人民合理的消费需求有相应的物质保证。

最后，加强对生产的经营管理。这里主要是加强对宏观、中观、微观、超级的整体系统管理与调节，提高企业活力，大力提高劳动者主体素质。

2. 协调放大发展规律

协调放大规律包括两部分：协调发展原理和优化放大原理。它是整体管理很重要的一个组成部分。

协调发展原理要求国民经济持续、稳定、协调发展，以取得整体效益。实践证明，国民经济只有在时间上讲持续、结构上讲优化、比例关系上讲协调，才能取得良好的整体效益。40 年来，我国经济建设取得了巨大成就，尤其是改革开放以来，经济规模空前增长，国力大大增强。与此同时，我们也遇到了不少困难，国民经济大的比例关系失调和结构失衡，使经济建设出现较大的波动，究其原因，主要在于：一是急于求成，忽略整体效益第一与协调发展的原则；二是小农经济庞大，产业结构不合理；三是思维方式单一，忽略了生产——分配（交换）——消费这一有机的、不可分割的整体系统，搞单项突破；四是管理落后，推行经验管理，忽视科学管理；五是改革不配套，缺乏系统性、整体性、有机性、配套联动性。当然，还有历史问题的积累，国际环境的制约，但最主要的仍是管理意识、管理方式、管理手段、管理水平落后，缺乏整体管理与整体效益的意识、方法和手段。

持续、稳定、协调发展的方针，是我国国民经济发展的一条基本原则。坚持这一基本原则就要从中国的实际出发，把现代化科学管理搞上去，把技术进步搞上去，理顺各种重大比例关系，调整产业结构，加强战略管理、结构管理和协调发展管理以求得整体效益。

优化放大原理要求国民经济在结构上合理、在比例量上适宜、在关系序上顺当，并在整体管理基础上进行适度运转，产生整体优化的整体效益，使经济发展沿着乘数—加速原理的正效应方向发展。协调的本质就是管理。只有对整体经济实行整体管理，才能生产整体效益，这就是优化放大的内在含义。

协调管理的范畴，从宏观经济管理角度来分析，是国民收入的消费——储蓄——投资，流通领域的倾向——信贷——利率，生产领域的投入——资源——产出，交换领域的商品——市场——价格，消费领域的劳动——工资——就业等方面的协调；从中观经济管理的角度来分析，是市场结构、资源结构、产业结构、就业结构、人口结构等方面的协调；从微观经济管理的角度来分析，是对消费者行为、劳动者行为及生产力诸要素进行协调。整体管理是协调放大效应得以实现的客观条件，协调放大效应是整体管理的本质内涵，两者之间具有同一性。

协调放大发展规律是整体管理中很主要的一条经济规律，是社会主义经济发展的本质特性。它在社会主义经济发展的全过程中具有普遍性和运用性，这可以从我国经济建设的实践中看出来。我国总结 40 年来经济建设的经验与教训，提出了国民经济持续、稳定、协调发展的战略方针，其实质就是协调放大发展规律。过去我们总是讲投入、讲产值、讲速度，而忽略讲整体管理，讲整体效益，结果使国民经济多次出现大起大落。实际上，国民经济发展速度问题是受国民经济整体系统其他要素制约的，如资金积累的制约、各部门之间的制约、各部门本身的制约以及对外贸易的制约等。协调放大规律要求国民经济结构整体优化，企业经营管理实行现代化，科技进步推进科学化，经营效益获得整体化；要求国民经济发展速度是整体的加快，是速度——规模——比例相互适应，收入——积累——消费相互成比例；要求整体效益的提高，要求宏观经济、中观经济、微观经济协调发展。同时，协调放大发展规律还有以下几方面的宏观协调管理，即科技、经济、社会三位一体的协调发展，三个产业的协调发展，城乡工业的协调发展，生态环境与经济社会的协调发展。

3. 整体效益规律

在社会主义公有制为主体的基础上，对经济、技术、社会、文化、政治等领域实行系统的整体管理，并且使整体社会系统协调有序地发展，这就是整体效益规律的基本含义。整体效益规律使人类社会自觉与不自觉地按照整体效益的方向发展。对国民经济的发展，整体效益规律显得更为重要。在这里效益是指一个系统整体，它包括物质指标的利益，这是基础；又有精神需要的定性效益，这是主导；还有环境。三者相互作用，系统地向前发展。

整体效益是一切社会共同追求的，是社会发展的客观要求，它以经济规律的作用贯穿于人类活动的一切过程和一切方面。整体效益之所以侧重于经济领域方面，是因为当人们的经济活动产生的经济成果的收益抵偿了劳动的付出，并取得剩余，即取得了整体经济效益后，其他如政治的、文化的、教育的、科学的、社会的活动才能展开，社会才能进步，这是人类社会追求的广义上的整体效益，因此，整体效益具有客观现实性。用最小的投入得到最大的产出是整体效益规律在经济方面的导向作用。把握整体效益规律要从以下几方面来认识。

首先，整体效益规律具有整体性。整体效益作为经济规律来看待，在空间上具有整体性，即国民经济构成的有关要素组成系统整体，整体性是整体效益规律的基本出发点。国民经济的系统整体性要求实行整体管理，即整体管理经济体制。构成国民经济各要素的经济效益构成整体效益。局部效益在整体效益制约下相互联系、相互作用、相互影响和相互转化，并按照整体效益的目的来发挥各自的作用。

其次，整体效益规律具有综合性。整体效益规律要求公有制实行分层次的分权管理，即国家所有制——地区所有制——集体所有制——股份所有制等不同形式，这些形式共同构成综合的公有制形式。它要求国民经济在运行机制上规划系统与市场系统协调运行，在整体管理产生整体效益这个目的的制约下运转。

再次，整体效益规律具有目的性，要求宏观——中观——微观经济效益相互协调发展，使经济增长，文化繁荣，社会进步。在局部效益目标与整体效益目标相排斥时，宁可牺牲局部效益，也要保证整体效益目标的实现。

最后，整体效益规律具有层次性。它不仅具有层次结构特征，如国家整体效益——经济区与省区经济效益——地市县经济效益——企业经济效益，而且从时间过程上来看，又具有过程相互转化的特征，如长远整体效益目标——中期效益目标——近期效益目标。无论从空间态势，还是从时间的动态转化过程，都显现出整体效益的层次性。

整体效益规律要求国民经济按社会主义市场经济模式向前发展，把社会主义生产目的——手段——原则有机地结合起来，发展社会生产力。同时，它还要求社会主义生产关系不断地自我完善，改革生产关系中不符合生产力发展要求的部分。整体效益规律是整个国民经济的客观要求，是政治与经济体制改革的根本出发点。因此，在实践中科学合理地运用它，应能成为推动社会主义经济运行的内在动力。

四、整体管理的动力系统：劳动力、生产力、社会发展力

人类社会的运动、变化、发展是由劳动力、生产力与社会发展力这个动力系统所推动的。劳动力、生产力和社会发展力具有什么样的特征？它们之间有什么联系以及它们是如何推动社会发展的？这正是整体管理研究的重要内容之一。从系统的联系性来考察，整体管理是社会系统中联系各级层次子系统的纽带。整体管理既包括物的管理，也包括人的管理；既与劳动力相联系，又与生产力、社会发展力相联系。

劳动力是一种有别于一般自然资源的“活的有重要意义的”资源，具有时间性、消费性、创造性和社会性等特点。在发展的动

力系统中，在劳动力子系统中，劳动力是唯一能动的、起主导作用的要素。

在整体管理研究中，对人的管理研究首先遇到的正是人与自然的关系问题、人类起源于大自然，人本身是自然界长期发展的产物。人从自然界分化出来以后，人与自然界的关系也随之建立起来。马克思认为，人和自然最基本的关系是一种“对象性关系”，即人和自然界互为对象，各以对方的存在作为自己存在的前提。无疑，人对自然既有受动性的一面，又有能动性的一面。人的受动性和能动性是互相转化的。能动性以受动性为基础，能动性又是受动性的主导。人在认识和改造自然的过程中，化受动性为能动性。

了解人和自然的关系，人的受动性和人的能动性，就会大大丰富整体管理的内容以及深化整体效益的原则。其意义在于：

首先，人对自然的能动性，决定了整体管理必须注意人力资源的开发和管理。从人力资源的整体考虑，将生育、教育、就业三者作为一个互相连接的整体，根本上解决人力资源、物质资源与生态资源的协调。

其次，人和自然的关系表明经济发展必须与生态环境相适应，经济体系的整体管理必须以有利于资源的合理利用和环境保护为前提。

系统范式认为，社会是多种要素有序结合的复杂整体，是一个运动变化着的立体网络系统。社会系统包含着三个最基本的要素：作为主体和客体相统一的人；进入人的活动领域的自然界和自然物质；联系人和自然的社会关系与社会组织等。

在社会有机体中，一切都是通过人的认识和行为来安排和实现的，都是“自觉地”或“不自觉地”而不是“自动地”。因此，人是社会系统中唯一能动的、活跃的因素。人为了生存和发展，就会产生需要。人的需要是多种多样的，会形成一股社会“合力”，从宏观方面为社会系统的运行提供动力，推动社会的发展。因此，人的需要不仅是个体积极性的源泉，也是社会系统的动力源。

人的需要包括物质需要、能量需要、信息需要和环境需要（简单地说，就是精神需要和物质需要）。四者缺一不可，物质和能量需要是一切需要的基础，精神需要乃是推动社会发展的重要动因，环境需要是一个不可缺少的条件，信息则将物质需要、精神需要和环境需要通过相互循环的立体网络呈现出来，形成有机的整体结构。如下图所示。

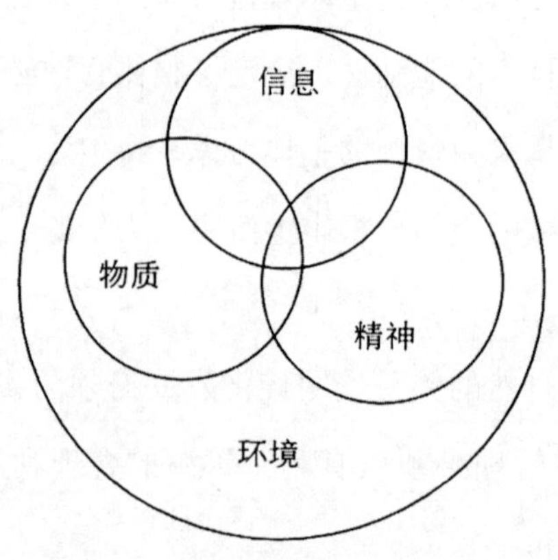

人的需要的立体网络图

整体管理就是要了解人的需要，引导人的合理需要，把劳动者的热情引向劳动创造，使得每个动力源得到最合理、最有效的发挥，从而使整个社会系统具有劳动创造的动力和活力。

靠什么调动人的积极性？靠激励。激励的过程是“需要——

要求——满足”的连锁反应。激励因素就是那些能影响个人行为的某种东西，或者说是那些能促使人们作出成绩的事物。行之有效的激励手段和方法主要有目标激励、群体激励、领导激励、自我激励等四种。

生产力是指人类认识自然和改造自然的能力，是解决社会和自然之间矛盾的客观物质力量。直接的、现实的生产力，是指参与生产过程的一切物质、技术要素的总和，其中劳动对象、劳动资料和劳动者是构成生产力的实体部分。此外，生产力资源还包括其他一些因素，如科学技术、管理、信息、控制手段、系统关系等。在发展动力系统中，生产力是社会发展决定性的因素，是最积极、最革命的因素。

在社会主义条件下，生产力要素应能发挥巨大的整体效益，但由于我们不善于管理，不去研究其内在规律性，使许多生产力要素投入后，不能有效地发挥经济效益，使其闲置、沉淀。为使生产力要素活起来，动起来，我们认为生产力要素的流动管理，属于整体管理论中结构管理内的微观管理。加强对生产力要素流动的管理，很重要的一个方面就是要建立使企业，尤其是大中型企业富有活力的管理、经营、约束机制。只有这样，生产力要素才能紧紧围绕经济效益这个根本环节自觉地、合理地流动起来。

社会发展力是指人类社会中有无数相互交错的力量，有无数个力的平行四边形，这个非线性系统合力就是社会发展力。在社会发展的动力系统中，社会发展力是社会发展的根本动力。马克思、恩格斯“合力论”的系统辩证思想告诉我们，历史的发展是一种综合的力量，是整体效应，是从简单的点与线构成立体的网络。它是一个能与外界进行物质、能量、信息的交换，是一个开放的系统。一个开放的社会，开放的系统可以加速其与外部物质、能量与信息的交流，使社会系统内部各种要素充满活力与生机，从而推动历史的发展。从这个意义上讲，一个社会是否发展，取决于开放度有多大，而开放度大小取决于外界物质、能量、信息的交换数量和频率，交换越快越繁，其活力越强。我国正处于社会主义初级阶段，因此要实行一系列的改革，变封闭半封闭社会为全方位的开放社会，变单一的经济发展模式为科技、经济、社会协调发展模式，这就需要在更大范围和更广阔的市场上进行经济活动，从而实现生产要素的优化组合和再生产诸环节的合理分工。历史的经验告诉我们，社会主义国家的经济建设，只有放在整个世界的经济环境中，置身于国际经济系统之中，以国际市场为活动范围，发挥本国优势，不断与国外进行物质、人员、信息、科学技术的交流，互通有无，才能加速本国经济的发展。

总之，劳动力——生产力——社会发展力是社会发展的动力系统。在社会发展动力系统中，劳动力是生产力中最革命、最活跃的要素，起主导作用；生产力是社会发展的根本性因素，是劳动力和社会发展力的中介，与劳动力和社会发展力相互联系，相互作用，共同推动社会进步；社会发展力则是历史发展的一个总的合力，是社会发展的综合动力。劳动力——生产力——社会发展力，三者是一个有机的结构整体，构成社会发展动力系统的范畴。因此，我们在指导和促进社会变革中，必须全面考察社会发展的动力系统，不能顾此失彼。

五、整体决策的概念、体制程序及其必要性

整体决策是整体管理得以实现的前提，整体管理是整体决策的基础，两者相互依存，系统辩证地向前发展。

在现今社会里，由于科技、生产与生活的高度、高速发展，导致信息大爆炸，这种信息使个体或单一智囊团体联合起来，形成一个智囊整体，并以计算机为手段，进行信息处理，提供决策方案，实现现代管理。系统辩证理论把现代决策阶段称为“整体决策”。整体决策具有整体管理的特性。它使整个国民经济的诸要素在整体管理中，协调而有序地发展。其主要特征为：有明确的理论依据，科学的方法与手段，以及与整体决策相近的实践模式；注重定性与定量的系统辩证关系；准确高速；整体相关性；系统结构层次性等。

整体决策体制是指决策集团、决策咨询机构和决策执行系统组成的有机整体，依据法定程序将决策系统整体的各个要素、结构、层次的信息传输程序固定下来，把它规范化、制度化。整体决策体制与程序，在一般意义上由大系统构成，即信息系统——研究咨询系统——决策集团系统——决策执行系统——监督系统——反馈系统等，这些系统构成了整体决策的体制框架和决策程序的基本模式。下面就整体决策体制中的六大系统分别予以论述。

信息系统。它是指依靠特定的信息网络与机构取得信息，是信

息集合体，是整体决策系统的一个基础分系统。整体决策过程从信息论的角度来讲，就是获取、加工、传递和利用信息的过程。信息系统是整体决策的前提条件，占据着首要地位，没有信息系统就没有整体决策。

研究咨询系统。它属于信息系统与决策集团系统的中介，与决策集团的关系更为密切，是整体决策科学化、民主化的前提条件。由于现代科技的迅速发展，使领导决策的难度增大，而且决策的影响更深远，时间性和可靠性的要求也越来越高。对于意义重大，情况复杂，带有全局性、根本性、长期性的问题进行决策，就要依靠专门的“智囊团”、“思想库”、决策研究班子为决策者进行决策提供依据、方案、策略和方法，所以应充分发挥研究咨询机构的整体优化效应。

决策集团系统。该系统在现代领导决策体制中居于中心与核心地位，是信息、研究咨询、决策执行、监督与反馈各分系统所组成的整体决策系统的结构核心。它承上启下，直接作用与反作用于各分系统，对于整体决策具有十分重要的意义。决策集团系统要在精简、优化、权限有度、智能互补原则下，进行及时果断、主动创新、民主决策、择优决断，以实现整体决策的科学化。

决策执行系统。它在整体决策及其整体管理过程中，是一个决策的实践过程，是决策付诸实施、贯彻、落实、执行的过程。通过本系统使决策的意义与目标得以实现，并对决策正确与否进行验证，同时也为下一次决策提供实践依据。决策执行系统在做好执行计划、组织工作、思想工作和物质准备的基础上，要在执行系统运转中，紧紧把握科学的指挥、整体的协调、运行过程的方向控制、执行结果的总结等环节，把决策活动落实到执行的实践过程中去。

监督系统。它是整体决策中不可缺少的重要环节。它起着保证决策方针在执行过程中的有效贯彻和执行，并在权限范围内不断调整系统整体运行的方向，以保证决策目的的实现，这是整体管理的基本职能之一。监督系统在整体管理和整体决策中起着使系统整体自组织、自催化、自我完善和自我发展的作用。目前，我们的监督工作很不完善，如果监督系统工作做好了，就能增强党和政府的向心力和广大人民群众的责任感，各项工作就能得到群众的关心和支持，社会主义现代化建设就有了坚实的群众基础。

反馈系统。本系统贯穿于整体管理和整体决策的不同环节和一切方面。反馈系统灵敏、准确、及时、全面地反馈信息，是整体管理科学化和现代化的前提条件，它是整体决策不可缺少的重要环节。针对我国现行反馈体制的弊端，应建立多渠道反馈系统。除建立健全党、政、法、群信息反馈系统外，还应建立非行政专门信息反馈系统。反馈系统是一个十分复杂的系统工程，建立健全多渠道信息反馈系统，应当和经济体制改革有机地结合起来配套进行。

整体决策程序在整体决策中构成一个重要组成部分。程序自身是一个系统，构成程序的每个环节和层次，都是相互连接的有机整体。整体决策程序大致可分为发现问题、确立目标、拟订方案、抉择方案、潜在问题分析五个层次。

发现问题。这是整体决策的首要环节。整体决策的过程就是发现问题、分析问题和解决问题的过程，也是一个认识问题的过程。发现问题的途径很多，因此，整体决策要求现代领导者应不断地总结经验教训，自觉地提出问题、发现问题。

确立目标。发现问题与分析问题之后，就要解决问题。因此要确立目标，然后围绕目标与客观环境去寻找解决问题的途径、手段与方法。决策目标要注意把现实性和先进性结合起来，既要防止目标定得过高，又要防止目标定得过低。

拟订方案。目标确立之后，就要依据系统现状与目标的差距寻求实现决策目标的手段、途径和方法。在宏观实际中，将达到系统发展所期望的目标的手段、途径和方法进行筛选，才能找出整体优化方案。拟订方案往往是以多种方案为条件，这样才能比较出优化的方案。

抉择方案。决策集团系统对各种方案进行抉择和选定是整体决策工作中非常关键的步骤。抉择方案要坚持对拟订方案依据“综合分析，系统评价，择优选定，修订实施”的原则来进行。选定方案必须具备实践性、效益性、整体性和灵活性。

潜在问题分析。抉择方案以后，要分析研究在执行该方案时可能出现的问题，以及这些问题给系统运转结果带来什么影响与危害，并要准备应急的防范措施，把潜在问题产生的可能性和危害性降到最低。

研究整体决策，对于加速经济建设和深化改革具有十分重要的意义。这就要求管理者在日常工作中要注意研究、掌握整体决策理论。社会主义初级阶段的根本任务要求我们研究和把握现代的决策方法，改革开放中出现的经验和教训也要求我们认真研究把握现代的领导方法。这些都需要我们去学习、去总结、去检验。在实践中找出改革开放的特点和规律来，以提高我们领导者的科学决策水平。

论邓小平理论*

邓小平理论是马克思列宁主义、毛泽东思想在中国当代社会主义现代化建设和改革开放时期的运用和发展，是被实践证明了的关于中国第二次革命和建设的理论原则和经验总结，是以邓小平同志为代表的中国共产党第二代领导集体和全党智慧的结晶。它是马克思主义与中国实际相结合的第二次历史性飞跃，是适合中国国情、顺应当代世界历史潮流的社会主义现代化理论。

一、邓小平理论的时代背景和理论价值

1. 邓小平思想是我国社会主义发展进程的历史产物

从 1949 年新中国成立到 1978 年党的十一届三中全会，中国的

* 此文原为《研究邓小平经济思想》一书而作，略有改动。

社会主义发展历经坎坷。虽然在新中国成立初期，我国的经济社会有过健康的发展阶段，但从1957年以后，我国的政治、经济、文化逐渐偏离了健康发展的轨道，特别是经过“文化大革命”十年浩劫以后，我国社会已经处于几近崩溃的状态。

当我们今天反思我国社会主义艰难曲折的历史时，会总结出许多教训，但从最深根源看，我们的工作失误，恰恰源于我们缺乏一种科学的、有效的思想方法，缺乏完整的、建立在科学方法论基础之上的一整套关于社会主义建设的理论体系。也就是说，我们的根本失误有二：

第一，指导思想上的主观主义、唯意志论，即过分强调主观的、精神的力量，放弃了我党过去长期形成的“一切从实际出发，实事求是”的优良传统。这是我们忽视发展生产力，不按客观经济社会发展规律办事，以政治运动为中心，实行高度集中的计划经济等严重错误的总根源。

第二，错误理解“抓主要矛盾”，简单理解“一分为二”的思维模式。

正是我国社会主义建设事业受到严重挫折的情况下，邓小平同志开始探索与中国实际相结合的社会主义建设新道路。他吸取了毛泽东同志在探索社会主义建设道路方面的成功经验，更主要的是总结了“文化大革命”的错误教训。20世纪70年代中期后，邓小平同志深刻地反思了“什么是社会主义”、“社会主义优越性究竟表现在哪里”、“贫穷是不是社会主义”、“什么叫革命”、“我们搞社会主义革命究竟为了什么”等一系列重大理论问题。党的十一届三中全会后，他首先倡导了一场以“解放思想，实事求是”为主旨的思想方法革命。这为党中央最终确立一切从中国实际出发，尊重客观经济规律，把发展社会主义社会生产力放在首位的根本思想路线，奠定了最坚实的基础。早在 1975 年的“全面整顿”，就已标志着邓小平同志以经济建设为中心，坚持改革开放的思想萌芽开始形成。到十二大“一个中心，两个基本点”战略布局的形成，以及后来“十三大”、“十四大”、“十五大”依次提出“社会主义有计划的商品经济”、“社会主义初级阶段”、“社会主义市场经济和社会主义本质”等基本理论，邓小平理论体系不断趋于完善。这里，我们可以看出邓小平理论的产生是我国社会主义发展的必然历史选择，也是指导我们一切工作及思想方法上的一场深刻革命。

2. 邓小平理论是当代世界潮流的理论反映

20 世纪 50 年代以来，和平、改革、竞争、发展成为世界政治、经济、文化总体发展的新格局。对应的两种历史性潮流，一是新科技革命，二是全球经济一体化。

关于和平、改革、竞争、发展的世界新格局。二战以来国际形势发生了深刻变化：（1）制约战争的力量空前增长，特别是科技的迅猛发展，使战争的破坏性大到足够毁灭全人类，因此寻求和平的呼声成了全世界大多数国家的共识。（2）资本主义国家和社会主义国家都不同程度地遇到了经济发展上的挫折和困难（特别是社会主义国家的困难尤甚），都有在和平的环境中，通过改革而寻求经济、社会高速发展的共同愿望。（3）随着国际经济一体化的深入，不同国家之间经济的互补性和依赖性日益明显，各个国家在互利的原则上展开平等竞争、交流合作。（4）在新科技革命时代，各国都面临着高速发展的巨大压力，因为谁不发展谁就要落伍，就要在激烈的国家竞争中被逐步淘汰。

关于新科技革命。正如邓小平同志在1978年全国科学大会所言："现代科学技术正在经历着一场伟大的变革。近30年来，现代科学技术不只是在个别的科学结论上、个别的生产技术上获得了发展，也不只是有了一般意义上的进步和改革，而是各门科学技术领域都发生了深刻的变化，出现了新的飞跃，产生了并且正在继续产生一系列新兴科学技术。现代科学为生产技术的进步开辟道路，决定它的发展方向……一系列新兴的工业，如高分子合成工业、原子能工业、电子计算机工业、半导体工业、宇航工业、激光工业等，都是建立在新兴科学基础上的。当然不论现在或者今后，还会有许多理论研究，暂时人们还看不到它的应用前景。但是，大量的历史事实已经说明：理论研究一旦获得重大突破，迟早会给生产和技术带来极其巨大的进步。当代的自然科学正已空前的规模和速度，应用于生产，使社会性生产的各个领域面貌一新。特别是由于电子计算机、控制论和自动化技术的发展，正在迅速提高生产自动化的程度。同样数量的劳动力，在同样的劳动时间里，可以生产出比过去多几倍几百倍的产品。社会生产力有这样巨大的发展，劳动生产率有这样大幅度的提高，靠的是什么？最主要的靠科学的力量、技术的力量。"①。

---

① 《邓小平文选》第二卷，人民出版社1993年版，第84页。

关于全球经济一体化。世界经济的相互依存和相互渗透已成为20世纪中叶，特别是七八十年代以来最显著的一个特征。商品的生产、流通和消费已经开始超越各国的边界，形成国际范围的大循环；国际劳动分工和协作日益加剧；资本、金融、技术和人才的国际化快速向前发展。主要表现有三：一是大量跨国公司不断涌现和崛起；二是区域经济和贸易的集团化；三是国家之间、国家内部的宏观经济与微观经济的调整化。国际经济的一体化，大大加速了国际之间的交流与合作，开创了不同政治、民族、文化传统的国家之间经济往来的新局面。

总之，在当今世界上，发展经济已成为时代的大潮，经济、科技的竞争已成为一个民族兴衰的标志。因此，各国都在力所能及的范围内尽力发展经济，并力图在21世纪的综合国力竞争中一比高低。目前，国际大势已由东西对话求和平、南北对话求发展演变成为经济发展为主流。对国际关系的正确评价，对世界潮流的正确认识，才能使中国这样一个发展中大国，在纷乱的世界变化中清醒地认识世界，牢牢把握各种机会以顺利抵达彼岸。

邓小平同志以战略家的目光审时度势，洞察世界风云，顺应世界发展潮流，对我国的对内对外政策作出了一系列重大调整，为我们制定了改革开放的战略决策。他说："现在的世界是开放的世界"，"中国的发展离不开世界"。我们必须"尊重社会发展规律"。① "我们采取的所有开放、搞活、改革等方面的政策，目的都

① 邓小平：《建设有中国特色的社会主义》（增订本），人民出版社1987年版，第54、67、105页。

是为了发展社会主义经济。"① 对外开放目的是学习、引进国外先进经验和技术，将世界上一切优秀文明成果为我所用。对外开放不单纯是引进设备，扩大贸易，更主要的是学习外国先进的管理经验和科学知识，从根本上改变中国落后状况。要"动员人们虚心学习，迅速掌握世界最新技术"。"向外国的先进管理方法学习。"②

综上所述，邓小平理论是时代精神的精粹，是当代世界潮流的理论反映。

3. 邓小平理论是人民创造、党的集体智慧及其个人智慧的光辉结晶

邓小平理论是马克思列宁主义、毛泽东思想在中国社会主义现代化建设和改革开放时期的运用和发展，是被亿万中国人民的实践证明了的关于中国革命和建设的理论原则和经验总结。中国共产党许多杰出领导人对它的形成和发展都作出了重要贡献，邓小平同志的科学著作和论述是它的集中概括。

任何一种理论或思想的产生必须具备两种基本条件：其一，成熟的政治、经济、文化等社会条件；其二，具备高层知识结构、阅历、经验，正确把握时势的杰出人物。邓小平理论从总体上说是时代的产物，是马克思主义在新时代合乎逻辑的必然结果，是我们党

① 《邓小平文选》第三卷，人民出版社1993年版，第110页。
② 《邓小平文选》第二卷，人民出版社1993年版，第87、140页。

总结共产主义运动经验的集体智慧之结晶，是在马克思主义、毛泽东思想基础上新的伟大发展。

同时，邓小平理论与邓小平同志个人主观条件分不开。邓小平同志是我党第二代领导集体的核心，同时又是第一代领导集体的重要成员。长期的革命和建设领导实践，使邓小平同志积累了正反两方面大量宝贵经验和教训。长期的职业军事家、革命家和领导人的生涯，使他养成了求实、务实的高贵品质。邓小平同志一贯坚持一切从实际出发，实事求是，不唯上，不唯书，解放思想，勇于开拓，大胆创新。具体表现在：（1）注重马克思主义基础理论方法的运用，但不墨守成规、抱残守缺。（2）注重吸纳科技革命和信息时代的各种新变化，从实际出发，客观分析。（3）运用多维战略思维方法，超越时代视野，摒弃阶级偏见。（4）体现系统、全面观，反对枝节和片面地看问题。总之，邓小平同志丰富阅历和经验、个人智慧和优秀品质是邓小平理论形成和发展的一个重要保证。

4. 邓小平理论是马克思主义、毛泽东思想的继承与发展

邓小平理论产生于20世纪后期世界社会主义事业处于低潮、国际风云急剧变幻的历史条件下，是中国共产党根据时代发展的需要，总结国际国内正反两方面的历史经验，对当代世界面临的一系列重大问题，特别是经济不发达国家建设社会主义的实践面临的一

系列重大问题，所作出的科学回答，是对毛泽东思想的继承、丰富和发展，是马克思主义普遍真理与中国当代具体实际相结合的“第二次飞跃”，也是中华民族学习、借鉴、消化世界现代文明和科学成果的新的思想飞跃。它适应了当今时代和平、改革、竞争、发展的世界历史潮流，体现了鲜明、崇高的时代精神。

毛泽东思想作为第一次飞跃的最高理论成果，是以毛泽东同志为代表的党的第一代领导集体和全党智慧的结晶，是马克思主义在中国的运用和发展，是我们党的指导思想和宝贵的精神财富。没有毛泽东思想的指引，就没有中国新民主主义革命的胜利，就没有中国社会主义制度的建立。但是，毛泽东思想又同一切伟大的理论思维和科学真理一样，不能不是由相对真理走向绝对真理的一个阶段，不能不是处于一定时间和空间内的真理性认识。无论是毛泽东思想各组成部分的具体内容，还是贯穿于各组成部分的毛泽东思想的活的灵魂，都没有穷尽对中国革命和建设客观规律的认识，而是中国共产党人探索这些规律的一个奠基性的阶段。作为中国共产党人探索中国革命和建设客观规律的又一个新阶段的第二次飞跃，发生于中国社会主义建设长期遭受严重挫折，世界社会主义事业面临严峻困境和挑战的大背景之下，发生于中国社会主义现代化实践和世界社会主义事业复兴的急切呼唤声中。第二次飞跃是以邓小平同志为代表的第二代领导集体和全党智慧的结晶，开创了中国特色社会主义理论体系。邓小平理论是马克思主义基本原理、毛泽东思想活的灵魂同中国社会主义现代化建设与改革实际相结合的产物，同时又借鉴和融合了现代世界文明的丰富营养，是马克思主义、毛泽东思想的坚持、继承和发展，是马克思主义在新时代的新突破、新创造。一句话，邓小平理论是适合中国国情、顺应历史潮流的社会主义现代化理论。它以马克思主义的系统思想为灵魂，以社会主义初级阶段理论和生产力理论为基础，以有中国特色的社会主义理论和世界和平与发展理论为主体框架，对我国社会主义现代化建设的实践具有十分重要的指导意义。邓小平理论的产生，反映了实践的选择，时代的需要，历史的必然。

二、邓小平理论的总体特征和方法论特色

1. 求实精神、时代性、革命性、探索性是邓小平理论的总体特征

与纯粹的理论家的表现方式不同，作为一个政治家，邓小平理论主要通过政治的形式，决策的形式，制定政策的形式，以及对国际国内重大问题的分析与看法等方式表达的。简洁、明确，包容性大，针对性强，内涵丰富是其表达方式的特点。这与邓小平的政治风格是一致的。如果我们通过这种表达方式透视邓小平理论的总体特征，可以用求实精神、时代性、革命性、探索性来加以概括。

第一，求实精神。这是贯穿于邓小平理论的一条主线。不唯书，不唯上，不照搬照抄，只求实，实事求是，是邓小平理论求实精神的具体体现。例如，时下著名的说法“不管白猫黑猫，抓住

老鼠就是好猫”便是这一精神的一个注释。当1977年和1978年人们的思想还被禁锢的时候，邓小平以马克思主义的求实精神，率先提出要全面准确地理解毛泽东思想，反对“两个凡是”，并且在“实践是检验真理标准”的大讨论展开时，给予了强有力的支持和推动。

邓小平理论强调实事求是。20多年来邓小平对“实事求是”作了大量的深刻的阐述，他认为毛泽东思想的精髓就是“实事求是”，它是“无产阶级世界观的基础，是马克思主义的思想基础，过去我们搞革命所取得的成就，是靠实事求是；现在我们要实现现代化，同样要靠实事求是。”① 邓小平特别强调我国的现代化建设，必须从实际出发。他说：“我们的现代化建设，必须从中国的实际出发，无论是革命还是建设，都要注意学习和借鉴外国经验。但是，照抄照搬别国经验，别国模式，从来不能得到成功。这方面我们有过不少教训，把马克思主义普遍真理同我国的具体实际结合起来，走自己的路，建设有中国特色的社会主义，这就是我们总结长期历史经验得出的基本路线。”②

因此，可以说，从“猫论”到“实践是检验真理的唯一标准”，从“生产力标准”到“建设有中国特色的社会主义”，再到一国两制，邓小平在这20多年的理论和实践活动中始终渗透着求实精神。十三大报告指出：在党的基本路线的形成和发展中，在一系列关键问题的决策中，在建设、改革、开放到特区的开拓中，邓小平同志以马克思主义的理论勇气、求实精神、丰富经验和远见卓

① 《邓小平文选》第二卷，人民出版社1993年版，第133、372页。

② 《邓小平文选》第二卷，人民出版社1993年版，第133、372页。

识，作出了重大贡献。这个评价是客观现实的确切反映。

第二，时代性。邓小平指出：世界形势，包括科学技术的发展，日新月异，不用新的思想观点来继承、发展马克思主义，就不是真正的马克思主义者。邓小平理论就是以邓小平为代表的当代中国共产党人用新的思想、观点来继承、发展马克思主义的理论体系。这是它时代性的最突出的特征。马克思主义是一个开放的体系，是随着时代的发展，随着各国革命和建设的发展而不断发展的科学。马克思逝世100多年后，世界发生了巨大的变化，后毛泽东时代的中国也在迅速的变化之中。因此，必须用马克思主义的基本原理来研究新情况，解决新问题。

邓小平立足于当代，用马克思主义的基本原理解决中国的现实问题，同时也吸收了当代世界文明的成果，提出了一系列理论和观点，他的思想充满了时代感，是指导中国走向现代化的马克思主义。

第三，革命性。思想发源于社会，思想也可以塑造社会。邓小平理论产生于中国大变革的时代，同时从某种意义上说，正是由于邓小平理论的推动，中国社会的变革才成为现实。

党的十一届三中全会以来，邓小平在指导和推进社会主义改革的实践中，在现代化建设、改革、开放的开拓中，大胆探索，提出了一系列具有独创性的理论观点和政策主张。这些新的见解、新的发现和新的突破显示了邓小平理论富有革命性的宝贵特质。在一些重大战略问题上，邓小平提出了一切从实际出发，建设有中国特色社会主义的理论，以及改革开放和国民经济“三步走”的战略规划；在具体问题上，邓小平提出了和平与发展是当代世界两大主题，以“一个国家，两种制度”方式统一祖国及我们由此推及的“一球多制”的战略思想等重大观点。这些在我国发展战略中和毛泽东战略思想体系中，乃至在当代世界各国发展战略中，都是独创性的、具有革命意义。“一国两制”是一个超级战略构想。正如国外一些评论家所说：邓小平是一个成功的和平革命者。

第四，探索性。邓小平理论的一个重要组成部分是改革开放理论。我们所进行的改革开放是一个前所未有的宏大事业，没有先例，没有固定的模式，没有成形的道路，因而具有很强的探索性。邓小平讲“走自己的路”，这本身就意味着探索性。邓小平还认为：什么是社会主义，我们本身并没有完全搞清楚。因此就需要探索，需要试验。改革就是一场试验，是“一个大胆的试验”，“一个重大的试验”，“一场伟大的试验”，从世界的角度讲，也是一个“大试验”，是“探索一条新的路”。试验探索，这是贯穿于邓小平理论，特别是改革开放思想的一个主要线索。

如何在探索中前进呢？邓小平的原则：“胆子要大，步子要稳。”“要大胆地试，大胆地闯，没有一点闯的精神，没有一点冒险的精神，没有一股子气呀、劲呀，就走不出会好路，走不出一条新路，就干不出新的事业。”① 这些思想充分反映了一位伟大的无产阶级政治家开拓社会主义改革事业的革命胆略和探索精神。

① 《邓小平文选》第三卷，人民出版社 1993 年版，第 372 页。

2. 实践性、系统性、多样性是邓小平理论的方法论特色

方法论思想是邓小平理论的深刻基础，也是他提供给我们的最大财富。邓小平同志在坚持马克思主义思想方法的基础上，吸收当代自然科学和社会科学方法论的最新成就，形成了自己颇具特色的方法论。

第一，实践性。邓小平理论鲜明、崇高的时代精神，主要渊源于它所直接继承的辩证唯物主义实践性的本质特征。实践性是辩证唯物主义区别于一切唯心主义和机械唯物主义的最主要、最显著的特点。辩证唯物主义非常重视实践在认识中的决定作用和在哲学中的基础地位，强调自己的全部理论要付诸实践，指导实践，在实践中接受检验，以实践来体现和验证自己的真理性、科学性。可以说，实践性和以其为基础的科学性，是辩证唯物主义的生命和灵魂。离开了实践性和科学性，也就谈不上什么辩证唯物主义。同时，实践即广大人民群众的社会实践，它作为一种伟大的革命力量，是社会发展的原动力，是无坚不摧的。辩证唯物主义的实践性，决定了它必然具有旺盛的活力，能够随着社会实践的发展而发展，在任何新的历史时代永葆鲜明、浓郁的时代精神。同样道理，直接继承并特别注重和强调辩证唯物主义实践性特征的邓小平理论，面对当代世界一系列现实的重大问题，面对在一个落后的东方大国中建设社会主义的一系列现实的重大问题，不囿于书本上、经

典著作上某些具体结论的束缚，不拘泥于我国原有的某些具体经验的限制，又不迷信于其他国家贴着形形色色诱人标签的这种或那种模式，而是一切从实际出发，以实践标准衡量一切，一切以世界和中国的客观实际为转移。建立在这种基础之上的邓小平理论体系，具有鲜明、崇高的时代精神是必然的。

第二，系统性。过分强调“抓主要矛盾”的方法是过去长期占据和支配我国思想意识形态的一种方法论思想。矛盾辩证法的核心与基础是对立统一规律。对立统一规律揭示了事物发展的根本原因、动力、道路和事物的普遍联系等基本问题，是基本的科学方法。对立统一规律强调矛盾的普遍性，强调事物的普遍联系，也指出了世界是多样性的统一等基本事实。但是矛盾分析方法并没有具体解决事物是以何种具体方式存在并普遍联系的问题，没有解决多样性和多种矛盾、矛盾的主次方面共处一体的具体形式问题。加之我们过去在理解和运用中的过分简单化和片面化，使之成为僵死的、机械的，“只见树木，不见森林”式的形而上学思维模式。这对我们的事业产生了极为广泛的消极影响。现代系统理论指出了系统及系统联系的普遍性。系统是事物存在的基本方式。系统是多种要素依一定目的和规则建构起来的、具有特定功能的整体。系统理论强调对复杂事物及其内外部关系的整体认识、整体把握和整体协调，强调系统整体功能的优化。从某种意义上说，系统观就是建立在科学分析基础上的整体观，而系统理论的出现则反映了人类认识从分析到综合、从部分到整体的发展趋势，是人类文明发展的一个优秀成果。邓小平同志是借鉴和运用现代系统思想的一个光辉典范，他的整个思想体系体现了整体综合性、结构层次性、动态开放性、进化发展性、功能目的性的高度统一。邓小平理论包括政治、经济、文化、外交、军事等各个领域，全面地论述了坚持改革开放和坚持四项基本原则，经济体制改革和政治体制改革，物质文明和精神文明，加强民主和健全法制，改革、发展、稳定等各个方面的相互关系以及它们之间的整体联系。他的整个理论体系是一个逻辑上和结构上高度融洽的整体系统。他围绕“什么是社会主义”和“怎样建设社会主义”这两个基本问题，提出社会主义发展阶段、根本任务、发展战略、发展动力、外部条件、政治保证、领导主体和依靠力量等一整套相互关联的理论观点和方针政策。在具体理论上，邓小平同志的系统思想亦体现得十分充分，例如：

（1）社会主义本质论。邓小平同志的社会主义本质论是一个整体结构，由三个相互关联的不同层次构成：一是核心层次，即解放生产力，发展生产力；二是中间层次，也即政策和制度层次，是消灭剥削，消除两极分化；三是目的层次，即最终实现共同富裕。

（2）整体现代化论。邓小平的现代化理论有一个发展过程，从开始时强调“四个现代化”，发展到强调经济、社会的协调发展，实现整个社会的现代化。他已经越来越把现代化看作一个涉及整个社会系统的深刻变革，一场革命。

（3）系统改革论。改革不是局部的某个要素和方面的变革，而是一个从观念到社会体制和政策体系，从经济体制到科技、教育和政治体制等等的系统变革。改革是一个系统工程，需要精心组织，精心领导。

（4）基本路线论和具体政策论。“一个中心，两个基本点”的基本路线，是一个系统地指导社会主义现代化建设的总纲，规定了社会主义现代化建设的基本目标（富强、民主、文明）、中心（经济建设）、动力（改革开放和人民群众）、保障（四项基本原则）等一系列根本原则。按照这条路线的要求，邓小平又提出了“综合抓”的具体施政原则，这包括要抓改革开放，抓打击犯罪，抓法制，抓惩治腐败，抓物质文明和精神文明建设，抓反对两种倾向的斗争又要以防“左”为主等各方面的工作。实际上是在反复提醒人们社会主义现代化建设是一个系统工程，要整体协调，系统控制，不要顾此失彼。要多手抓、多方面抓、多层次抓，要系统抓，抓系统。

第三，多样性。“一分为二”(或“合二而一”）的思想是另一种对我们的事业产生过消极影响的思维方式。本来它有极为丰富的内涵，但被我们过去在理解和运用上歪曲为“非此即彼”的两极性思想方法。但实际上，任何客观事物都是多样性的统一，自然是如此，社会亦是如此。要客观地认识事物，必须坚持多样性的思维模式。多样性的思想方法，贯穿于邓小平理论体系的全部内涵之中。尽管邓小平同志自己没有使用“一分为多”或“合多而一”的概念，但在对一系列重大现实政治和理论问题的论述中，在领导中国社会主义现代化建设的伟大实践中，他始终遵循和贯彻着这种方法论思想。这主要表现在：

（1）解决现实国际政治即和平、改革、竞争和发展等基本问题上的和平共处与竞争合作论。这一理论强调不同社会制度、不同民族、不同发展水平的国家要和平竞争，协作共进，反对你吃掉我、我吃掉你，只顾自己不顾他国的强硬观念。他提出的“一国两制”思想，及依据这一思想必然得出的“一球两制”、“一球多制”的结论，更具体地体现了他的这种国际政治理论。

（2）社会主义发展的多种模式论。社会主义有其共同的本质，但依各个国家各个时期具体社会、历史条件的变化，社会主义又不是一成不变的，而是存在着多种模式，各个国家完全拥有选择的权利和机会。

（3）多种经济成分和分配方法共存论。在社会主义初级阶段，要坚持以公有制为主、其他分配方式为辅的多层次分配结构，不能把“主体”变成“一体”，排斥其他系统要素、其他经济成分和分配方式的存在，这些在整体上有利于生产力的发展和社会主义的发展。

三、邓小平理论的历史地位和现实意义

1. 邓小平理论是马克思主义与中国实际相结合的第二次历史性飞跃

在马克思主义与中国实际相结合的长期过程中，有两次历史性的飞跃。第一次飞跃，发生在新民主主义革命时期，以毛泽东同志为代表的中国共产党人经过艰难曲折的探索，科学地总结成功与失败的经验教训，找到了新民主主义革命的正确道路，把革命引向了胜利。第二次飞跃，发生在社会主义建设时期，以邓小平同志为代

表的中国共产党人面对国内国际社会主义事业的严重挫折，科学地总结正反两方面的历史经验，科学地研究世界形势和发展趋势，开辟了中国特色社会主义道路，开创了中国特色社会理论体系。

邓小平同志不愧是当代中国伟大的马克思主义者，是坚持和发展马克思主义的光辉典范。他把马克思主义基本原理和方法运用于中国现代化具体实践中，探索有中国特色的社会主义理论、纲领、战略、策略和政策，从而大大发展了马克思主义。在今天世界社会主义歧路重重，国际上某些大国推行强权政治的情况下，邓小平同志对马克思主义的新发展尤其显得伟大、辉煌。

作为一种系统的社会主义理论，邓小平理论不仅从基本方法上重申了马克思主义关于实事求是的原则，而且对几乎所有涉及社会主义革命和建设的理论和实践范畴都作出了重大发展。这里，我们仅就其基本理论和主体思想作一个简要归结：

（1）邓小平坚持和发展了马克思主义关于社会阶段划分的理论。对时代和社会阶段划分是一切革命理论、纲领、政策产生的根本前提，邓小平提出和平发展时代观和中国社会主义的初级阶段理论，即从总体上把马克思主义向前推进了一步。

（2）邓小平坚持和发展了马克思主义关于无产阶级革命的理论。无产阶级如何建立和巩固政权，这是马克思主义主要问题之一。邓小平提出合作共进、和平建设思想，抛弃了有关世界“革命战略”的不切实际的设想，对战争和革命的关系重新作了科学的分析、界定，因而发展了马克思的无产阶级革命理论。他关于改革是一场革命、是对制度的革命，则是继毛泽东对“文化大革命”探索失败后，整体改造社会主义社会的重大理论突破。

（3）邓小平坚持和发展了马克思主义关于对外开放的理论。对外开放是马克思主义关于社会主义发展论的应有之义，但长期以来被严重歪曲了。邓小平同志以博大胸怀、非凡气度，为社会主义摆脱孤独和走向复兴，提出了对外开放的理论和政策。这一理论的内涵极其丰富。主要包括：关于发展社会生产力、实现我国社会主义现代化伟大战略目标，必须实行对外开放政策的思想；关于扩展国际贸易，利用外资，引进外国技术设备和人才，扩大对外经济、技术、学术、文化合作与交流的思想；关于向一切国家开放、向不同类型国家开放的思想；关于开办经济特区、开放沿海港口城市、开辟沿海经济开放区，实施沿海地区经济发展战略，发展外向型经济，以沿海地区的发展带动内地发展，共同致富的思想；关于对外是开放、对内也是开放，开展经济技术协作，加强横向联合的思想；关于采用“一国两制”、“共同开发”的和平方式，实现祖国统一，解决某些国际争端的思想；关于坚持四项基本原则与坚持改革开放这两个基本点相互贯通，相互依存，统一于建设有中国特色的社会主义实践的思想；关于独立自主与和平外交政策的思想，以和平共处原则为基础建立世界新秩序的主张；关于精神文明为改革开放服务的思想；关于加强法制建设为开放政策创造良好国内环境的思想；关于改革开放贯穿整个中国发展过程，对外开放政策长期不变，“继续开放、更加开放思想”，等等。邓小平提出了系统的对外开放思想，这在马克思主义发展史上尚属首次。

（4）在关于社会主义民主与法制建设思想方面，邓小平发展了马克思主义建设高度民主和法治国家的理论设想，拨乱反正、恢复法制权威，提出有步骤地、逐步地实现社会主义民主的政治设想。不仅维护了安定团结，创造了现代化建设所需求的国际环境，而且为人民真正当家作主创造了科学的方法。

（5）关于马克思主义国家学说。邓小平发展了马克思主义关于国家职能论和国家政体论的有关思想，提出国家管理现代化建设的核心任务思想，改传统单一制为一国多制，提出有中国特色的一国多制设想。不仅有利于国家统一，而且有利于世界和平与稳定，有利于人类的共同稳定、繁荣。

（6）关于改革是社会主义本质属性，是一项长期任务的政策。邓小平发展了马克思在《法兰西内战》等著作中的思想，提出在社会主义条件下，改革是社会主义自身调节的手段，是人民民主国家的根本特性，是区别于剥削阶级国家的重要标志的见解，并设计了中国社会主义政治、经济、文化体制改革的具体蓝图。

（7）邓小平发展了马克思主义关于物质文明建设的理论，提出建设高度物质文明，发展生产力是社会主义中心任务的论断。认为科学技术是第一生产力，发展高科技，加强教育现代化是首要任务，并重新评价知识分子的社会地位和作用，肯定了其阶级属性，肯定其与最先进生产力相结合，因而是工人阶级队伍中重要组成部分，从根本上解决了知识劳动归属问题，有利于解放生产力。

（8）邓小平坚持和发展了马克思主义关于生产力、生产关系以及经济基础、上层建筑相互矛盾运动的理论，提出生产关系变革必须依据生产力要求的思想，恢复了历史唯物主义的科学地位，端正了党在生产关系变革问题上的指导思想，批判了“一大二公”论，为生产力发展铺平了道路。同时，他对社会主义分配原则做了重新探讨，提出“先富和同富”思想，为马克思主义社会发展与社会公正问题找到了新的答案。

(9) 邓小平提出社会主义新的国际关系原则，提出扩大开放，发展合作，参与竞争的国策，以及维护世界和平，顺应时代发展，不称霸，不扛旗，努力发展自己的思想，把和平共处原则扩大适用于党际、地区、国家内部问题的解决，提出兄弟党关系四项原则等重要思想，发展了马克思主义国际关系理论。

(10) 邓小平提出社会主义政党建设重在思想建设的主张，提出反“左”与反右的原则思想，使社会主义政党从阶级斗争扩大化的困境中解脱出来，消除腐败，反对官僚主义，领导全国人民坚持“一个中心，两个基本点”。这就大大发展了马克思主义的政党建设理论。

(11) 邓小平发展了马克思主义的社会管理理论和方法，即由“主要矛盾论”、“纲论”，发展为系统管理论。提出一手抓改革开放，一手抓四个坚持；一手抓改革开放，一手抓惩治腐败；一手抓物质文明，一手抓精神文明；一手抓社会主义民主建设，一手抓社会主义法制建设。即多手抓，多层次地抓，也就是系统抓，抓系统的思想方法，以及抓稳定，抓发展；抓反和平演变，抓对外开放；抓思想政治工作，抓现代化建设，等等。所有这一切反映了邓小平务实、简洁、深刻的辩证系统思想和现代化社会管理思想，防止和改变了过去忽左忽右，忽上忽下的“纲论”管理模式。

(12) 邓小平之所以坚持和发展了系统的马克思主义理论，一个突出原因是他运用了全新的哲学思维方法。他改变过去单向或双向思维模式，更多地使用多维思想方法。他娴熟运用辩证的系统方法以及有关哲学思维方法，使他能在纷繁复杂的新情况新形势下不是抱残守缺，而是勇于探索，善于改革和推进革命理论。可以说邓小平对马克思主义哲学思维方法的发展是他整个理论发展成果的思想基础。

2. 邓小平理论是建设中国特色社会主义的根本指导方针

邓小平理论是在总结我国社会主义成功经验和挫折教训并借鉴其他国家社会主义兴衰成败历史经验的基础上，逐步形成和发展起来的。党的十一届三中全会以来，我国改革开放和现代化建设的伟大实践，实际上就是在邓小平理论的指引下进行的。在邓小平理论的指引下，我国的改革开放和现代化建设从“文化大革命”的灾后废墟中开始艰难地起步，经过短短20多年时间，就取得了举世瞩目的巨大成就。同时，在改革开放和现代化建设的实践中，邓小平理论也不断地得到了检验，不断地得到了丰富和完善。20多年的实践雄辩地证明，邓小平理论是改革开放和现代化建设最直接、最现实、最富成果的指导思想。当我们沿着邓小平理论的指引前进，改革开放和现代化建设就顺利发展；而当我们偏离了邓小平理论的指引，改革开放和现代化建设就要遭受挫折和损害。如果用刘少奇同志1945年在《论党》中评价毛泽东思想的一句话，我们也可以说：邓小平理论“是我们党和我国人民在长期奋斗中最大的收获与最大的光荣，它将造福于我国民族至遥远的后代”①。

① 《刘少奇选集》上卷，人民出版社1981年版，第333页。

目前，高科技革命，经济一体化，改革开放，和平与发展已经成为奔涌激荡的世界性潮流，人类社会正经历着一场意义深远的历史性大变革，中国正处于“第二次革命”的新时代。这个“第二次革命”，是一场涉及从生产力到生产关系，从经济基础到上层建筑，从意识形态到人们的综合素质等各个方面、各个层次的整体性大变革。要胜利地完成这场大变革，必须在继续坚持马克思主义、毛泽东思想理论指导的基础上，进一步旗帜鲜明、坚定不移地以邓小平理论为指导。

依靠邓小平理论的指引，有利于确保党的基本路线真正百年不变。因为，邓小平理论是党的基本路线赖以形成和确立的直接理论基础。以邓小平理论为指导，为党的基本路线百年不变提供了可靠的理论保障。

依靠邓小平理论的指引，有利于克服改革开放和现代化建设中的各种艰难险阻。因为，邓小平理论科学地总结了国内外社会主义进程正反两方面的历史经验，深刻地阐明了我国改革开放和现代化建设的方向、任务、动力和国际国内环境等一系列重大问题，为改革开放和现代化建设提供了科学的理论依据，可以找到克服各种艰难险阻的有效途径。

依靠邓小平理论的指引，有利于将全党和全国人民紧密地凝聚起来，筑成建设中国特色的社会主义的钢铁长城。因为，党的十一届三中全会以来，在邓小平理论的指导下，中国的改革开放迅猛开展，开始了经济实力的历史性崛起，人民群众的物质、文化生活水平显著提高，邓小平理论在全党和全国人民心目中树立了崇高威望，有极大的感召力和凝聚力。

依靠邓小平理论的指引，有利于有效地防止和反对右的特别是“左”的错误倾向。因为，邓小平理论本身就是克服“左”的错误倾向的产物，它为在两条战线的斗争中警惕右和主要是防止“左”提供了迄今为止最有效、最强大的科学思想武器。依靠邓小平理论的指引，有利于中华民族为人类进步事业作出应有的更大贡献。目前，世界社会主义运动处于重要时刻。以邓小平理论为指导，在一个占世界人口 1/5 的东方大国卓有成效地建设中国特色的社会主义，建设社会主义的现代化强国，这对世界社会主义事业和人类进步事业无疑是一个不可估量的巨大贡献。

最后，必须指出，邓小平理论是一个开放的、不断发展的科学体系，它随时准备用经实践检验是正确的新结论来取代自己原来坚持的经实践检验是不正确的或不完全正确的旧结论，也随时准备在和其他科学文化相互影响、相互碰撞、相互融合的过程中，使自己的理论体系更加丰富和完善。正如马克思主义、毛泽东思想需要在实践中不断丰富和发展一样，邓小平理论也需要在实践中加以总结和完善。邓小平理论作为中国共产党第二代领导集体总结全党全国各族人民实践经验的智慧结晶，尽管形成的时间还不太长，但它在中国人民改革开放和社会主义现代化建设的伟大实践中，已经显示并将进一步显示其强大的生命力。让我们在中国特色社会主义现代化建设的实践中，进一步坚持、完善和发展邓小平理论，使之更加科学、系统、全面。

系统思维与城市管理*

我从 1983 年担任市长和后来担任副省长以来，不断研究和探讨怎样才能科学而又高效地搞好现代城市的管理工作。十几年来的实践使我认识到：随着当代科学和新技术革命的发展、经济社会的提升，城市已经逐步演化发展成为一个结构十分复杂、功能十分完整的有机系统整体。要搞好现代化城市的管理，沿用传统的思维方式，已经不能适应新的管理对象和复杂的管理结构。因此，只有运用系统辩证思维来观察和研究现代城市，科学规划、配套建设和系统管理，才能高屋建瓴，有效地发挥现代城市的整体系统功能，才能提高效率、产出效益，使居民得到工作便捷、生活满意、社会安康的环境，从整体上促进国民经济健康、高速的增长。

一、用系统辩证思维研究城市

市长是一个城市行政管理的最高领导者。他担负着对整个城市

---

* 本文原为 1994 年在中国市长协会研讨会上的讲话，略有改动。

进行宏观决策与管理的双重任务。所以，决策和管理水平的高低，不仅直接关系到整个城市政治、经济、社会等各个方面的发展，也关系到几十万、几百万甚至上千万人口的切身利益。用什么样的思维方式去管理近几百万人口的城市？如何使整个城市的经济、社会得到协调发展？如果继续沿袭传统的思维与领导方式，如只抓主要矛盾的方法，对现代城市的结构与管理就会缺乏深层的科学认识，如果眉毛胡子一把抓，很难理顺复杂的功能结构关系，使管理运行处于一种无序或多头的状态；如果用头痛医头，脚痛医脚，以及那种“一竿子插到底”的方式，去当什么“豆腐市长”、“厕所市长”、“红娘市长”，又必然是越俎代庖，不利于调动不同层次管理领导者的积极性。那么，怎样才能调动多方面的积极因素，使整个城市在同外部环境进行物质、能量、信息等相互交换过程中，使城市的经济、政治、社会等各个方面得到协调发展，从总体上有效地发挥城市系统的功能，做到系统分析、系统综合、合理谋划、科学指导呢？大家都知道，现代城市是一个人造系统，随着社会生产力的发展和科学技术的进步，结构十分复杂，组成系统的要素很多，可以达到 10^{12} 之多，并且要素与要素之间的关系十分紧密，任何一个构成城市系统的要素的变化和发展，都会直接或者间接地影响到其他相关要素乃至整个系统的变化和发展。因此，沿用传统的思维方式很难适应这种复杂的管理状况，只有运用系统辩证思维来认识、观察和研究现代城市，才可能克服传统思维的弊病，使城市的规划、建设和管理走上科学化、效率化和制度化的发展轨道。

系统辩证思维不同于传统的思维方式。它是在马克思主义的系统思想指导下，运用当代系统理论，把客观事物看成是一个由结构、功能和元素相互结合而成的并每时每刻与外部环境进行物质、能量、信息交换的系统整体；一切事物和过程的系统都具有自身的自组织结构、层次，并形成运动发展着的系统核、系统链和系统环；任何系统事物和过程都遵循着自组织涌现、差异相同、结构功能、层次转化和整体优化的方向发展；认识主体——实践（中介）——客体环境有机联系的一种科学的思维方法。运用系统辩证思维的目的，就在于把事物当作一个由各种相关要素相互联系、相互作用的系统整体，科学、系统地分析和研究事物内部各个组成要素之间的相互关系和作用，通过结构和功能的系统综合方法，不断从总体上把握和调节系统结构及其要素之间量和质的关系和比例，充分发挥系统整体的功能和作用，达到系统整体的优化。

多年来，我从实践中认识到，运用系统辩证思维来认识、观察和研究现代城市是社会实践发展的必然产物。它一方面是由现代城市发展的性质和特点所决定的；另一方面又是由现代城市结构的复杂性带来管理的复杂性所决定的。

城市是商品经济发展过程中的产物。同世界上任何事物的发展一样，它也经历了一个逐步形成和发展的过程。在它形成和发展的过程中，受到社会生产力发展水平与环境的制约，现代城市是一个具有高度社会化的生产发展水平、能量高度集聚的系统整体，是人类社会文明的集中展现。无论从其内部的结构状况和组成要素来看，还是从它所具有的作用和功能来看都与初期城市有着极大区别。

运用系统辩证思维来认识、观察和分析现代城市，就可以看到现代城市有着明显的系统整体性。这个系统整体是由各个部分有机结合而成的。系统的各个部分在整体的制约下相互联系、相互作用和相互转化。因此，各个系统部分又按照城市系统整体的目的，发挥各自的作用，而它的性质和功能是由它在整个城市系统中的地位与自身的规定性来确定的，它的行为又受整体与部分的关系所规定。城市要充分地发挥自己的功能和作用，就应当达到要素的合理配置和系统的整体优化，使其从总体要求上达到最佳运行状态。只有这样，才能使整个城市处在一种科学合理的有序运行之中，使城市的系统整体功能得到充分发挥。

运用系统辩证思维来认识、观察和分析现代城市，就可以看到现代城市的结构具有明显的层次。而层次性是系统的主要特征之一。城市是一个多层次系统结构的典型例子。它是由若干个等级、层次的分系统和子系统所组成的。也就是说，在城市这个复杂系统中，存在着不同的等级、层次关系。一个系统本身层次是构成上一层次的子系统，又是构成下一层次子系统的母系统。它也可以从横向上分为若干个相互联系、相互制约又相互独立的系统。比如，在现代城市这个大系统中，我们从横向上可以把它分为城市经济、城市市政、城市社会等子系统，每个子系统之间又有着紧密的联系，同时还可以分为不同的等级、层次。从城市行政管理这个层次来讲，就可以分为以下几个层次：

从第一个层次来看，是城市系统整体的最高领导层，即城市政府，它直接指挥整个城市系统的正常运行。第二个层次是城市的经济、社会和市政管理三个大的分系统，它是城市系统管理的中介。第三个层次由若干分别隶属于经济、社会、市政的专业部门和微系统构成。之后，还可以分为若干个层次。整个城市就是由这样一个

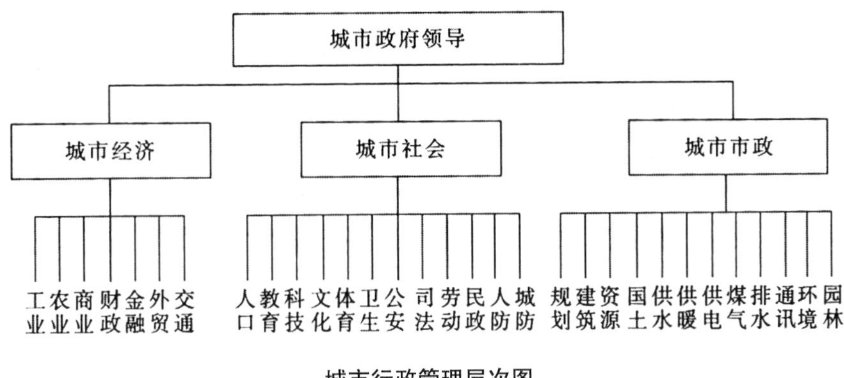

城市行政管理层次图

垂直的不同层次组合而成的系统整体。再从管理的不同职能来划分，又可以形成一个塔尖状的管理层次。

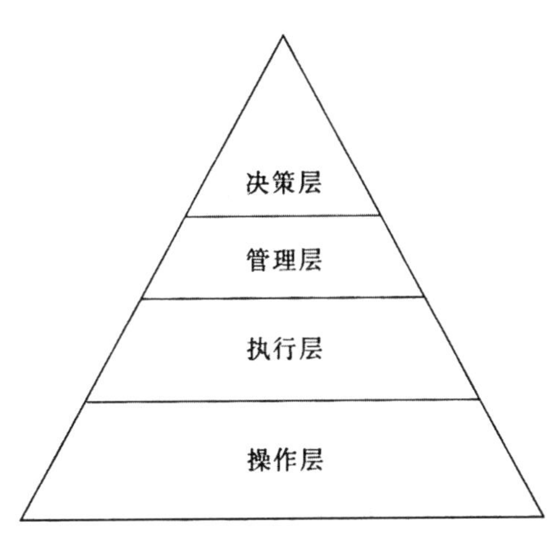

按职能划分的管理层次图

每个管理层次都有不同的职能和管理范围。其中，决策层是整个城市管理的最高层次，它的主要功能是确定城市的发展目标，制定实施目标的方针、政策，运用各种手段包括行政的、经济的、法律的手段来管理和调控城市经济、社会以及其他系统的正常运行。

管理层则是根据决策层发出的指令，发挥其中介作用，对分管的行业、地区和目标组织实施和管理。一般来讲，管理层往往又自成系统，发挥着决策、执行与管理的多重层次作用。从现代城市管理的这种层次结构来看，呈现出明显的复杂性，不仅具有一定的层次性和等级性，形成一个严密的管理序列，而且表现在每个层次和等级都有各自的管理和工作内容，层次和等级序列不同，管理的对象和工作内容也不尽相同。如果不科学地加以区分，就势必会使整个城市的管理处于一种无序状态。所以，用系统辩证思维来观察和研究现代城市，不仅可以把现代城市当作一个系统整体；同时，也可以看到现代城市所具有的鲜明的层次特征，以及层次与层次之间在一定条件下的相互转化，这是科学有序地管理城市的重要前提。

运用系统辩证思维来认识和分析现代城市，就必然会看到现代城市是一个开放的系统，而不是处在那种封闭的状态之中。这种开放性突出地表现在它不断地通过多种形式，同外部环境进行着物质、能量和信息的交换。这种交换的频繁程度及其规模，是由现代城市自身地域和空间的有限性与能量相对集中的特点所决定的。城市由于人口相对集中，必然形成地域和空间发展的有限性。但由于商品经济相对发达，资金、设备、技术和人才相对集中，具有相对高的生产力发展水平，因而必然产生能量集聚效应，对周围地区产生吸引力和辐射力。在这种吸引和辐射的过程中，同外部环境发生广泛而又频繁的物质、能量、信息交换，并处在一种多方位开放的发展态势之中。这种物质、能量、信息的交换和发展态势，不仅给城市的政治、经济和社会发展带来了活力，使城市系统的结构和要素不断适应外部环境条件的变化，并在调整和变化中得到发展，增强了整个城市系统的功能和作用，形成了一种螺旋式上升的发展趋势，同时在物质、能量、信息的相互交换过程中，也促进了城市周围一定区域内的经济和社会的发展，形成若干个以中心城市为依托的经济发展区域。商品经济发展的历史表明，城市如果失去开放性，失去同外部环境进行能量交换的能力，处在一种封闭、隔绝的状态之中，就不可能生存和发展。这当然取决于城市领导者所实行的相应政策。

由于现代城市是一个开放的系统，因而构成城市系统的结构模式具有稳定性和动态性相统一的特征。所谓稳定性，是指城市系统的结构一旦形成，就必然会趋向于保持一种状态。这种状态的持续出现，就表现为系统结构的稳定性。但是，这种稳定性是相对的，不是绝对的。任何系统总是存在于一定的客观环境之中，总要通过一定的时空同外部环境发生作用，因而又具有动态性，处在一种不断调整和变化的过程之中，这是系统结构与外部环境相互作用的必然趋势。特别是像城市这样长时期形成的人造系统，它的系统结构与要素在同外部环境进行物质、能量、信息的交换过程中，不断地调节自己，以适应系统内部、系统与外部环境的变化，形成系统结构的一种动态发展过程。城市的系统结构，既是各个组成要素相互作用以及受外界环境等各种因素影响的结果，同时又是形成未来新结构的基础。我们应用系统辩证思维来观察和研究城市，就可以从这种系统要素的稳定性和动态性相统一的特点中，把握系统要素之间的相互关系，掌握系统结构总体的变化规律，并依据这种客观规律来科学地调整系统要素和结构，这是对现代城市进行系统管理的一种科学态度。比如城市经济体制，长期以来我们执行高度集中的计划经济模式。在这种模式的指导下，城市的经济形成了一整套与之相适应的管理体制，并在实施过程中，具有一定的管理结构和管理方式。但是随着社会生产力市场化的发展，由于经济体制改革的不断深化与推动，社会主义市场经济逐渐取代高度集中的计划经济，加之在指导思想和理论上的种种变化，必然引起整个经济体制和管理结构相应的变化。为适应这种体制上的变化就必须在城市经济管理结构和管理方式上适时采取必要的调节措施。

运用系统辩证思维来认识和分析现代城市，可以看到现代城市的结构不仅复杂，而且各种要素之间的相互联系十分紧密，任何一个要素的变化和发展，必然要引起相关要素的改变，有的甚至影响到整个系统的变化和发展。

总之，我们用系统辩证思维方式来认识、观察和研究现代城市，其目的是运用这种科学的思维方法，把现代城市当作一个系统整体，使城市行政管理的领导者能够从系统整体的高度来观察和认识整个城市，掌握构成城市系统的各种要素，认真研究和把握其相互之间的关系和变量。它一方面有利于从系统整体的角度出发，合理地科学地处理系统结构和要素之间的关系，另一方面能够为城市行政管理科学化提供理论依据。

二、运用系统辩证思维规划城市

一个市长在用系统辩证思维观察、分析和认识现代城市的基础上，应该首先要规划好城市。

规划，特别是城市的总体规划，是一个城市未来的发展蓝图。它在整个城市的建设和管理中具有方向性和指导性。城市的建设和管理都必须围绕总体规划来展开。市长的职责，首先在于从调查研究做起，经过严密、系统的科学论证，制定城市的总体发展规划，对自己所领导和管理的城市有一个十分清晰的远景发展构想。不然，“以其昏昏，使人昭昭”，就很难使城市建设和管理走上科学发展的轨道。

但是，怎样才能搞好规划呢？必须运用系统辩证思维指导城市规划的研究和制定，才能使规划有可靠的科学性、指导性和实践性。这是因为规划的制定并不是孤立的。规划的科学制定受到许多因素的制约。一定要使战略、规划、计划形成一个相互连接、相互作用的范畴链。这种系统思维的方法，对于现代城市的科学发展具有十分重要的理论和实践意义。

我们知道，战略思想是从产业结构的长期调整出发来制定的。而实践使我们认识到，仅有战略思想和战略发展方针远远不够，而应当围绕产业结构形成一整套规划体系来保证战略发展方针的实施。在整个规划纲要体系的制定过程中，要逐步形成一个城市地区经济社会发展的战略纲要、规划、计划、目标管理系统。

从城市经济社会发展的战略纲要、规划、计划、目标管理系统构图来看，我们运用系统辩证思维，从整体出发，形成了一个以经济社会发展战略纲要——国土资源规划纲要——城市经济社会发展规划——行业和区、县发展规划——五年计划——年度计划为内容的一个相互联系、相互制约的完整的城市管理的系统网络结构。这

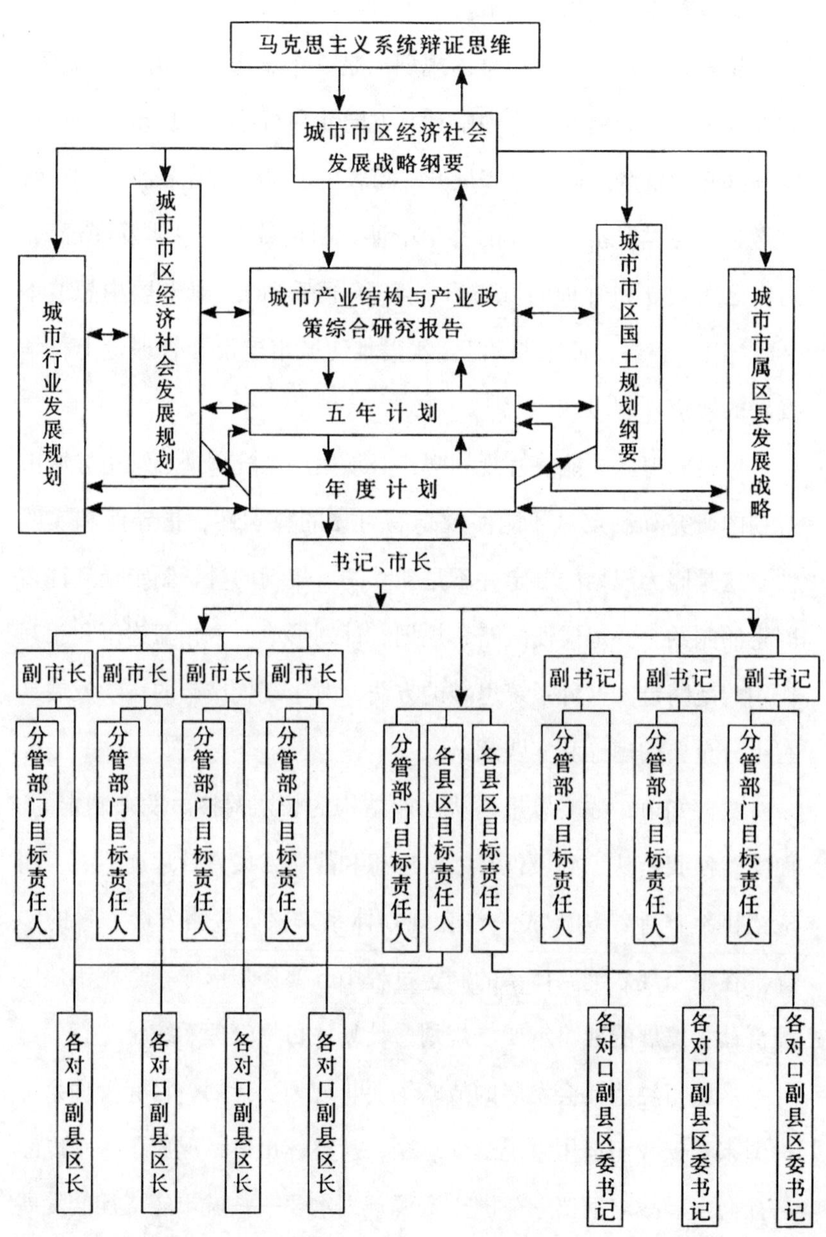

城市经济社会发展管理系统图

个系统网络结构中的各个组成部分之间相互作用，互为条件和互为依存，形成了一个完整科学的管理体系。我们就是利用这样一个管理体系，对整个城市的经济、社会的发展实行科学指导和宏观调控，使城市的发展处在一个有序的运转之中。

在战略——规划——计划——目标管理这个范畴链中，产业结构的调整和制定始终处于管理系统的中心地位。为了对城市的产业结构的调整进行深层思考，分析城市产业结构的演变与现状，分析产业结构与组织结构的特点，科学地提出产业结构的发展趋势与方向，提出围绕产业结构的调整而制定的产业政策，把产业结构调整与产业政策的制定结合起来形成一个相互配套、相互制约、相互促进的系统整体，围绕这个系统突出地强调在产业结构的调整过程中，处理好改革与发展，内向型经济与外向型经济，内涵式扩大再生产与外延式扩大再生产，第一产业与第二产业、第三产业的产业结构与产品结构，大企业与中小型企业，技术进步与产业结构，产业政策与转变政府职能，速度与效益，效益与环保，节能与资源等相互之间的关系。这样，在广泛研究和科学论证的基础上，形成城市新的产业结构发展格局和相应的配套政策。一个城市的产业结构是否合理，产业规划是否科学，直接关系到现代城市系统功能的发挥。它不仅决定城市的性质，对增强城市的吸引力和辐射力以及促进经济增长起着重要作用。但是，产业结构的拟定与调整，必须对相关要素进行大量的定性与定量的调查研究和科学论证，这样就必然要形成一个相互连接的规划体系。

任何一个城市的发展，首先必须在总体上把握它的经济和社会发展的指导方向。作为一个市长，面对城市这个纷繁复杂的开放的系统整体，必须从战略的高度来统筹考虑城市的未来发展。这样才能从总体上做到瞻前顾后、审时度势，既考虑当前，又谋划长远，制定出一个符合城市实际的发展战略。战略像一条红线，要贯穿在整个规划体系中，如果没有科学合理的正确发展战略，只从眼前和局部利益来考虑和决定问题，那必然会给城市的未来发展带来许多困难。所以，管理体系的建立，应当把发展战略的研究和制定放到首位并加强结构和功能研究。这个战略纲要，应从总体上对城市未来政治、经济、社会的发展提出方向性、宏观性指导意见。它作为城市未来规划的依据，提出城市经济社会发展的主要任务与目标体系；提出产业结构调整的方向，以及各种产业结构调整的比例关系。然后再规划工业内部各个产业的调整和整个结构的调整以及商品流通、对外贸易、资金筹措和利用，乃至发展教育、科学、文化、卫生、控制城市人口、环保等各个方面。在这个总体规划的指导下，城市所有的行业和区、县也都相应地按照总体规划的要求，制定自己的发展规划，这样就形成了一个以马克思主义系统辩证思维为指导的第一层次的城市地区经济社会发展战略纲要，以及第二层次的城市经济社会发展规划与城市地区国土规划纲要。其中，城市地区经济社会发展战略纲要是科学地分析、制定城市经济和社会发展总体规划的依据。首先分析周围地区经济和产业结构调整与发展的态势，以及城市区域位置和资源环境状况，在这个基础上制定全市详细的经济发展、科技发展、社会发展的指标体系。要明确其中的规划重点，而城市地区国土规划纲要则是对整个城市地区经济社会发展的空间区域位置的合理科学布局。它不仅概述城市地区的地理位置、地形地貌、自然气候、土地资源、城市人口结构和分布状况，提出国土开发整治的目标以及任务，对国土开发整治区域进行划分，而且对工业布局、交通、邮电建设布局、农牧业布局、人口、城镇格局，水资源、环境的保护以及城市的公共空间、绿地和其他公共设施的开发利用作出详细规划。行业和区、县具体规划为第三层次，五年计划为第四层次，年度计划为第五层次，目标管理体系则从管理的角度把战略、规划、计划系统的实施落到实处。

城市总体规划是城市在一定时间内发展的蓝图。但它必须根据城市自身提供的财力、物力和人力逐步地加以实施，是一个较长时间的规划。在编制城市总体规划的同时，要根据城市发展的需要与可能，以及城市本身可能提供的财力、物力和人力，分别轻重缓急，抓好中期规划和年度计划，特别是年度计划，它是城市总体规划的具体实施计划，必须依据城市的总体规划来制定，否则就失去总体规划的意义，城市总体规划发展的蓝图也很难实现。

我工作过的包头市在应用系统辩证思维的基础上，系统地完成了战略——规划——计划——目标管理体系的整个编制工作。经过全国系统理论与区域规划会议十多位知名专家、学者的论证，获得了好评。通过实践，我深深认识到，搞好城市规划是市长的重要职责，但规划是一个完整的系统体系，它由若干个相互连接的要素组成，这些要素有机结合，才能形成一个城市发展的总体设想。其中，战略是对全局发展带有方向性的科学合理的谋划。随着社会生产力的发展，以及科学技术的进步，这种具有整体指导意义并带有决定全局最终优化结果的战略谋划显得更加重要。特别是现代城市随着社会生产力的发展，自身的结构越来越复杂，其影响程度也越来越大。作为一个市长，要使自己的行政管理取得整体优化的最佳效益，就必须从空间与时间的较大跨度上瞻前顾后，审时度势地作出符合客观发展规律的规划，制定出科学的发展战略。而总体规划则是城市经济社会发展战略的进一步深入与展开，是研究城市未来发展、探索城市合理布局、科学合理地按照城市各专业系统协调发展的长期计划。它涉及的范围很广，包括政治、经济、科学技术、文化教育等等，是一项十分复杂的系统工程。而计划则是城市总体规划的具体实施。但是，战略——规划——计划这样一些系统链又必须围绕产业结构的制定和调整来展开，这样就形成了一个战略——规划——计划——目标管理发展体系的系统思维过程。

三、用系统辩证思维建设城市

城市规划和建设是城市系统发展的两个横向平行的系统要素，它们共同构成了城市空间组织的主要组成部分。作为一个城市的市长，不能只管规划，不管建设。规划和建设本身就有着渊源关系，因此必须既搞规划，又抓建设，使它们做到协调一致的发展。由于现代城市是一个由多种要素组合而成的系统整体，因此，作为组成城市空间组织系统的城市规划和建设并不是孤立地去完成各自的任务。城市规划是城市建设的基础，是城市建设的超前管理。而城市建设是城市规划的实施过程，两者之间具有不可分割性。所以，作为市长必须从总体上科学地协调好两者之间的关系。

城市建设是一个由多种要素组合而成的系统。总体上来讲，城市建设应当包括三大要素：一是城市道德文明的建设，二是城市物质文明的建设，三是城市的法制文明建设，这三大要素的组合形成了城市建设的广义概念。道德文明和法制文明尽管其内容和结构形式与物质文明的建设有着很大区别，但它是城市建设不可缺少的重要内容之一。把道德文明与法制文明建设纳入城市建设，有利于城市经济和社会系统的和谐发展。

系统辩证思维认为，城市系统的运动变化发展，都具有自组织的目的性。城市建设的目的，简而言之，就是要依据城市自身提供的财力、物力和人力，有计划、有步骤地实现城市总体规划的各种任务和目标要求。由于现代城市是一个综合性的系统整体，具有复杂的结构要素和多种功能与作用。因此，城市建设具有多元性、多样性、复杂性、系统性的特点，并不是单一的。所以，我们在城市建设中必须运用系统辩证思维去协调、处理好各种系统要素之间的相互关系，坚持城市建设的有机整体性。

城市建设的系统整体性，首先表现在城市内部的各种建设项目的相互配套性。在城市建设中，不论是经济建设，还是市政公共基础设施的建设，都同城市的整体发展有着十分紧密的联系，而且各个要素之间除了具有结构质的联系之外，还存在着一种功能的量的关系和比例，如果比例不协调，势必会形成一种整体失稳。长期以来我国一些城市建设水平不高，有的城市环境污染极为严重，有的基础设施不配套，“骨头”和“肉”的比例很不协调，其中很重要的一个原因，就是没有用系统辩证的思维方法，从系统整体上来研究和分析城市建设，没有看到城市各种建设项目之间有其内在联系，所以顾此失彼单项突破，造成十分严重的后果。

要使城市建设得到系统、整体的发展，就必须从城市行政管理的角度，把握城市建设的结构要素和主要内容。纵观城市建设，它的结构要素和主要内容有：

（1）城市工业建设。工业是城市的命脉，是国民经济的主导部分，是城市经济同国民经济现代化的重要物质技术基础和集聚经济效益的主要来源之一，由不同的工业部门、不同的企业所组成。城市工业不仅同城市内部，而且同城市外部有着十分广泛的联系。我国工业生产力主要集中于城市，它的发展状况如何，直接关系到城市的整个经济建设和国家经济发展。城市工业建设的发展，除了做到所有制结构的合理化之外，还必须做到产业、行业结构的合理化和科学化，尽可能从工业实际出发，做到扬长避短，择优发展，同时还要做到空间位置上的合理布局。这足以说明，工业建设质量的高低，不仅关系到工业建设本身的科学性和合理性，也关系到整个城市的发展。

（2）市场建设。市场与城市的形成和发展有着历史的渊源关系。商品生产和商品交换必须有相应的市场。在现代城市的建设中，必须随着市场经济的发展，从系统性、整体性上大力完善和发育市场体系，有计划地搞好城市市场建设，逐步形成一个繁荣、现代的城市经济，并且合理布局、完善功能，形成以商品市场、技术市场、劳动力市场、资本市场等等为主要内容的市场体系。实践表明，只有发育完善的市场体系，有计划地搞好城市市场的系统建设，才能促进城市经济和社会的发展。

（3）公用设施的建设。城市公用设施的建设，从内容上来看，包括城市供水、排水、供电、煤气、供暖、电信等。一个城市建设水平的高低、是否达到整体性和系统性，不仅仅表现在城市工业建设的发展水平上，还表现为城市各种公用设施是否配套，能否为城市工业的发展和人民物质文化生活提供各种方便条件。由于城市人口和工业企业相对集中，因此，城市的各种公用基础设施必须与人口和经济的发展保持一定的比例。这种比例的确定，不是凭空臆造的，而是在系统辩证思维的指导下，经过对城市各种系统要素的系统分析和系统综合，在量化研究的基础上，进行科学合理的空间优化配置。它是促进现代城市开放和发展，充分发挥城市系统功能和作用的重要条件。

（4）城市道路交通建设。现代城市是人们从事经济、政治、科学、文化活动和生活的空间。由于整个城市处在一种开放的动态发展和变化之中，它同外部环境不断进行着物质、能量、信息的交换，而城市活动的主体是人，人们之间相互之间又存在着各种密切联系，必然要开展多种交往活动，这就必然要借助良好的道路和交通条件。交通使人和物质在空间发生位移，起着缩短空间距离和节约时间的作用。城市交通是城市各种活动特别是经济活动的大动脉，是实现社会再生产的纽带。城市交通如果不发达，就必然会给城市的经济和社会发展带来一系列困难。我国有些地区之所以经济不发达，人口素质比较低，信息闭塞，其中一个很重要的原因是交通状况比较落后，形成了地区性的自然封闭，物流、人流、信息流同外部得不到有效的及时交流，这就极大地影响了这些地区的经济社会发展。所以，我们在现代城市的建设中，必须建设一个科学合理的交通运输系统，才能促进城市经济和社会的发展，为人民提高物质文化生活水平创造必要的条件。

（5）城市环境建设。环境是以人为中心的所有一切客观事物的总和。现代城市建设，必须十分重视城市环境建设。随着现代城市的发展，由于人类物质生产的要求，各种资源的大量开发和利用，现代工业的高度集中，工业门类的不断增加，人口在城市有限空间中的密度越来越大，人类所依赖的自然环境如空气、水源、绿地、耕地等受到各种各样直接或者间接的改变和严重影响。城市的这种环境质量的改变和逐步恶化，不仅危及人类的健康，甚至危及人类的生存，并严重地影响和阻碍着经济的发展。许多污染源的形成，就是在经济特别是工业的发展过程中，人们没有从系统整体上去思考问题，没有看到经济和环境的关系，也没有看到环境恶化给经济发展，特别是人类生存所带来的恶果。所以发展生产和保持环境具有不可分割性。任何一个城市在进行城市建设时，必须系统地分析城市的环境状况，通过系统研究和系统管理，加强城市的环境建设。

（6）住宅建设。住宅建设应成为新的支柱产业，它是城市建设的重要组成部分。尤其是大、中城市，人口密度大，相对集中程度高，因而住宅建设应成为整个城市建设的主体。对城市的住宅建设，必须从系统整体出发，从资金、城市居民区的规划、各种基础设施的配套建设以及建筑面积、建筑高度、建筑质量上进行系统管理，应根据收入的不同，建成满足不同需要的住房供给体系。可以说，它是当代中国经济中最主要的支柱产业。

（7）城市文化、休闲、体育设施的建设。

（8）城市与城市之间的交通（民航、铁路、公路）和信息高速公路的建设。应该看到，这是各种现代化城市的基础设施，是人类社会网络的基础。

从上面的分析我们可以看到，城市建设有着明显的系统性，它的构成要素很多，每个要素之间都有着十分紧密的联系。这些要素既包括人、财、物，又包括地域、空间、生态环境。它们相互联系，相互作用，形成一个系统整体。为了使城市建设达到整体优化的目的，对这些要素有的要进行定性研究，有的则要进行定量研究，还要进行结构分析与综合，这样才能从城市建设的总体上把握和协调要素之间的相互关系，掌握发展过程中一定量的关系和比例。面对这种复杂的状况，如果沿用传统的思维方法，显然很难解决其问题，反而会出现顾此失彼，形成系统要素之间的不协调，以致影响整个系统功能的发挥。运用系统思维的方法，不仅把现代城市当作一个系统，同时把城市建设也当作一个系统。它可以科学地协调各种要素之间的关系，使城市建设过程良性循环、系统要素之间协调发展，从而更好地发挥整个城市的系统功能，推动整个城市的经济和社会的发展。

四、用系统辩证思维管理城市

现代城市管理涉及的内容和范围十分广泛，可以说它是一个结构要素复杂，具有多层次特点的综合系统。在当代，随着新技术革命和科学技术的蓬勃发展，给城市管理科学化、规范化、系统化提出了许多新的课题。我在任市长之后，感到市长的担子很重，管理的范围很广，从宏观到微观，上到天文地理，下到生儿育女，可以说无所不包。通过调查，有相当一些同志，特别是部、委、办、局的一些干部对自己应该管理的工作范围以及目标不够明确，由于权限、职责和目标不够明确，造成一些部门和单位该干的没干，不该干的干了，形成了一种管理秩序的混乱。运用系统辩证思维，逐步在整个城市的行政管理中推行目标管理。目标管理作为一种科学的管理方法，它是运用系统辩证思维，实行城市系统管理，发挥城市系统功能的一种有效的方法。为了达到整个城市的系统优化，我们把目标管理的模式按照系统整体优化的原则进行科学设计。经过全市系统分析和综合平衡，在充分协调各种系统要素的基础上，依据当年的年度计划和市局各有关部门实际情况，按照自身的职能和分工，经过多次反复酝酿，提出各自的目标，经过市政府反复研究和充分协调，确定了市属各部门、各单位的年度目标。这样从上到下，从下到上，从系统整体到每个系统要素，构成了一个既相互联系，又相互制约、相互激励的目标系统整体。而这个目标体系，又更好地校对了原来市里的年度计划。

目标管理是在系统辩证思维指导下，经过认真的量化分析和周密的调查研究得到的一种有效的管理方法。比如每年确定总目标50项左右，分解到市属51个委、办、局的目标为500项，8个区、县124项。这样全市从总体到局部一年内干些什么，十分明确，全市围绕这些目标，组成了一个自上而下的多层次的目标体系和与之相匹配的目标管理体系。对于一个系列目标值，每个层次都是一个相对独立的系统，为了完成自己目标规定的内容，又各自形成了一个严密的责、权、利相结合的管理体系和监督体系及其办公室。这样，就从总体上保证了全市目标的实现。几年的实践表明，目标管理是运用系统辩证思维，对城市进行科学管理的一种行之有效的方法。它是围绕目标的制定、目标的监督、目标的实现与奖励而展开的一系列科学的组织管理活动。它的主要特点是：①系统性（即整体性）。现代城市是一个系统整体，它的组成要素多，层次复杂，具有多重目标的特点。城市目标管理的模式正是按照系统整体优化的原则来进行整体设计，做到目标体系的科学性、合理性。要做到这一点，首先管理者要有一个总目标体系，其次是系统总目标与分系统的联系、分系统与子系统的联系。如果没有系统整体的目标，那么分系统的联系，分系统、子系统的目标也就不可能存在。因此，目标的确立必须从系统整体开始，然后再向分系统、子系统层层分解展开。第二，在目标的确定和制定过程中，要采取自上而下与自下而上相结合的办法，使目标具有科学性与合理性。第三，要注重当年管理目标与当年计划相联结，既强调两者之间的一致性，又要体现其特殊性。第四，要注重定量与定性相结合。尽可能把目标定量化，这样符合目标管理的特点，易于考核和评奖。②层次性。目标的制定，由城市具体目标，经过层层分解，然后形成各个层次的具体目标，这种多层次的目标体系，决定了多层次的管理等级序列。这就从等级层次序列上，形成了决策层、管理层、执行层、操作层这样四个目标管理层次。③自组织性。由于目标的约束，使目标管理产生一种自我调控作用，每个人都要围绕目标的实现来合理地安排自己的工作，使其产生一种自我激励作用。在目标管理中，人既是目标管理的动力，又是目标管理的对象。由于目标管理把人与其奋斗的目标紧密地联系在一起，就可以产生一种激励作用，使他们看到通过目标的实现对自己有直接或间接的利益，从而可以进一步调动人的积极性。④实现目标管理与政府职能转变的一致性。由于推行目标管理，因此，必须做到各个管理层次的责、权、利相结合，这就要求政府部门必须做到简政放权、加强宏观调控和法制建设。⑤具有明显的效益性。目标管理是一项复杂的系统工程，由于它在研究系统、改造系统的过程中，按照系统的整体性、目的性要求，采用最优化的方法，从而达到最佳的总体效益。从上面的分析我们可以看到，运用系统辩证思维在城市管理中推行目标管理，是实现城市管理现代化、科学化的有效途径。

在对现代城市实行目标管理的同时，还应当实行层次管理。系统是个整体，但任何系统整体都是分层次的，从宏观到微观领域都是按照不同的结构组成方式分为若干层次。城市管理作为一个系统整体，也具有层次性。它依据不同的特性分为若干个分系统，每个分系统内部又分为不同的等级层次。由于层次之间具有差异性，因而不同层次的管理有不同的职能。如果不运用系统辩证思维，进行系统的科学分析，合理地研究和确定管理层次，就必然要导致整个管理系统处于混乱的无序状态。实现城市系统管理，是依据系统辩证思维中关于系统具有层次性的观点，以及层次转化规律，科学合理地划分城市系统管理的层次。然后明确各个层次的职能运行秩序、规范、标准以及责、权、利关系。为了有效地保证层次系统的科学管理，每一个层次都应当科学地确定自己的管理内容和管理目标，做到层层职责明确、统一指挥、系统管理。实行层次管理的目的是使整个城市管理工作有秩序地进行，防止那种越级发号施令“一竿子插到底”的领导方法给管理带来的混乱状态。

城市管理必须是一个有序的运行过程。它不是杂乱无章的，而是有其自身的客观规律。这是因为城市管理的多重目标首先要求系统有序管理。现代城市管理目标是多重目标的组合。首先，当城市经济的发展达到一定的规模目标值时，应该对城市内部的产业结构、行业结构、产品结构、投资环境、建设项目、企业的经济效益等同时提出相应的明确目标，只有相关要素协调一致有序运转，才能实现预定目标和 1+2>3 的奇效。其次，城市管理的统一性要求有序管理。城市管理活动是多种职能的统一和综合，它通过规划——计划——组织——协调——监督——控制——服务等各种职能的发挥使城市系统进行有秩序地运行。在现代城市的管理中，由于结构要求的复杂性，城市目标的多重性和综合性，不可能一种职能、一种方法、一种手段就可以达到管理的目的，只有上述各种方法的综合统一和相互作用，才能构成一个有序、完整的系统管理过程。再次，城市管理的复杂性要求进行有序的信息综合管理。城市管理的对象是整个城市，它是指各行各业、各个层次和各种等级序列，而不是城市的某一层次和等级。由于城市系统是一个多层次的、多目标、多功能的复杂整体，因而也就决定了城市管理要素本身的综合性。要科学地处理好这些综合信息，就要求我们认真研究各方面的情况并进行科学的判断，使城市管理信息呈现综合有序的运转局面。总之，要实现城市管理的这种有序运转，就必须运用系统思维来研究和指导整个城市的管理过程，只有这样才能增强城市的管理效应。

许多同行说市长难当，甚至说：不是人干的活！这话也有一定的道理。但是，我觉得难和易是相对的，不是绝对的。在 1985 年，我当市长时，就推行过目标管理，效果比较理想。在我当副省长时，分管工业、计划等，也曾用过目标管理的方法，并收到一定的成效。我坚信只要坚持下去，运用系统辩证思维来指导我们的工作和实践，就能使我们逐步地从必然王国走向自由王国，省长、市长的“难”也就逐步可以变为“易”了。

参考文献

保罗·A. 萨缪尔森、威廉·D. 诺德豪斯：《经济学》(第 14 版)，北京经济学院出版社 1996 年版。

《第一推动丛书》第一辑、第二辑，湖南科技出版社 1999 年版。

李嘉图：《政治经济学及赋税原理》，商务印书馆 1962 年版。

李政道：《李政道文录》，浙江文艺出版社 1999 年版。

米歇尔·博德：《资本主义（1500—1980)》，东方出版社 1986 年版。

《21 世纪新科学发展趋势》，科学出版社 1996 年版。

斯蒂格利茨：《经济学》，中国人民大学出版社 2000 年版。

乌杰、〔德〕E. 哈肯、〔美〕E. 拉兹洛：《洲际对话——世纪焦点的系统观照》，人民出版社 1998 年版。

乌杰：《邓小平思想论》，人民出版社 1997 年版。

乌杰：《马列主义系统思想》，人民出版社 1991 年版。

乌杰：《系统辩证论》，人民出版社 1991 年版。

乌杰：《系统辩证学》，中国财经出版社 2003 年版。

乌杰：《学习和推广马列主义系统思想》，《中国改革报》2001 年 9 月 5—7 日。

乌杰主编：《马列主义系统思想》，人民出版社 1991 年版。

晏智杰：《劳动价值论新探》，北京大学出版社 2001 年版。

中科院：《科学发展报告》，科学出版社 1999 年版。